MICHAEL DRIESCHNER

EINFÜHRUNG IN DIE NATURPHILOSOPHIE

DIE PHILOSOPHIE

Einführungen in Gegenstand, Methoden und Ergebnisse
ihrer Disziplinen

WISSENSCHAFTLICHE BUCHGESELLSCHAFT
DARMSTADT

MICHAEL DRIESCHNER

EINFÜHRUNG IN DIE NATURPHILOSOPHIE

Hans-Ernst Hinsberger
Dezember 1992

WISSENSCHAFTLICHE BUCHGESELLSCHAFT
DARMSTADT

Einbandgestaltung: Studio Franz & McBeath, Stuttgart.

CIP-Titelaufnahme der Deutschen Bibliothek

Drieschner, Michael:
Einführung in die Naturphilosophie / Michael Drieschner. – 2., unveränd. Aufl. – Darmstadt: Wiss. Buchges., 1991
(Die Philosophie)
ISBN 3-534-04576-9

Bestellnummer 04576-9

2., unveränderte Auflage 1991

Gedruckt auf säurefreiem und alterungsbeständigem Offsetpapier
Druck und Einband: Wissenschaftliche Buchgesellschaft, Darmstadt
Printed in Germany
Schrift: Compugraphic Garamond, 9/11

ISSN 0174-0997
ISBN 3-534-04576-9

INHALTSVERZEICHNIS

VORWORT

Der Zweck dieses Büchleins ist es, zum Weiterfragen und zum Weiterlesen anzuregen. Die Fülle des Materials konnte, dem Charakter der Einführung entsprechend, nur in Andeutungen dargeboten werden — in der Hoffnung, daß diese Andeutungen wenigstens in dem Sinn einführen, daß sie den Leser neugierig darauf machen, wie es sich denn nun genau verhält. Diese Neugier zu stillen soll die Bibliographie am Ende des Büchleins erleichtern.

Die Darstellung ist so gedacht, daß jeder mit den üblichen Schulkenntnissen in Mathematik und Bereitschaft zur Mitarbeit das Buch mit Gewinn lesen kann. In technischer Hinsicht schwierigere Teile sind kleiner gedruckt und werden für das Spätere nicht zugrunde gelegt. Einzig der erste Teil von Kapitel VIII behandelt die Quantenmechanik in etwas speziellerer Sprache; denn die abstrakten Strukturen, die dafür grundlegend sind, kommen bisher in der „Allgemeinbildung" nicht vor. Ein Hinweis auf die grundlegende Bedeutung dieser Strukturen schien mir aber für diese Einführung unerläßlich.

I. NATURPHILOSOPHIE

Naturphilosophie als Fach ist aus dem akademischen Betrieb praktisch verschwunden. Geblieben sind die verschiedenen Philosophien einzelner Fachgebiete, wie z. B. „Philosophie der Physik", oder „Grundlagen der Biologie". Das aber ist in dieser „Einführung" nicht gemeint. Da es also zur Zeit kein etabliertes Fach Naturphilosophie gibt, sind wir relativ frei, dasjenige unter diesem Namen zu behandeln, was wir an philosophischen Überlegungen zum Thema Natur für beachtenswert halten. Wir werden uns dabei zum Teil an historisch vorfindbaren Begriffen von Philosophie und von Natur orientieren, inhaltlich wollen wir uns vor allem auf die moderne Naturwissenschaft stützen. Dabei wird es notwendig, diese philosophische Beschäftigung mit Naturwissenschaft abzugrenzen von anderen: Naturwissenschaft ist ja in vieler Hinsicht Thema der Philosophie.

Zunächst: Was könnte überhaupt Philosophie von Natur sein? Was Philosophie ist und soll, ist selbst ein großes Thema der Philosophie[1]. Wir können dieses Thema hier nicht behandeln, sondern nur in einigen Stichworten unser Verständnis andeuten.

Die Philosophie institutionalisiert das *Weiterfragen*. Eine Wissenschaft grenzt sich ab gegen andere Wissenschaften und gegen Nicht-Wissenschaft, indem sie ihren Gegenstand und ihre Methoden ein für allemal definiert. Diese Basis-Festlegungen werden von der Wissenschaft selbst nicht in Zweifel gezogen, solange sie als diese Wissenschaft existiert. Bei der Philosophie dagegen gehört nicht nur die Abgrenzung der eigenen Aufgabe zum Gegenstand, sondern Philosophie wird gerade dadurch gekennzeichnet, daß sie nichts als undiskutierbar stehen läßt. Die Philosophie sollte gerade das befragen, was wir als selbstverständlich zu akzeptieren geneigt sind; es wird sich oft genug erweisen, daß eine heutige „Selbstverständlichkeit" vor, sagen wir, Aristoteles oder Marx als ungeheuer kühne Behauptung gegolten hätte. — Die Philosophie ist daher in ihrem Wesen auf die Betrachtung ihrer eigenen Geschichte angewiesen. Philosophie ist zu einem guten Teil „historisch-kritische Exegese", bis hin zu einem solchen Unterfangen bei den zeitgenössischen Theorien. Natürlich kann auch ein Philosoph nicht aus seiner eigenen Zeit heraustreten und sie historisch-kritisch betrachten; aber er muß ver-

[1] Vgl. die Einführung von H. Noack in dieser Reihe: Allgemeine Einführung in die Philosophie. Darmstadt (Wissenschaftliche Buchgesellschaft [[1]1972] [2]1976.)

suchen, die Bedingungen, die im Alltag als selbstverständlich gelten, als spezielle zu sehen — im Licht anderer, also meist vergangener Gedankenwelten, und doch im Bewußtsein des „Wir philosophieren *jetzt*" (C. F. v. Weizsäcker): unsere philosophischen Erben werden Beschränkungen unseres Denkens erkennen, gegen die wir selbst blind sind.

Und was ist Natur? — Wir denken bei dem Wort zunächst an den Zusammenhang mit *Natur*schutz, *natürlich* im Gegensatz zu künstlich — die freie Natur. *Das Gewachsene ist also Natur* — φύσις bei Aristoteles. Bei der daraus abgeleiteten Bezeichnung der Wissenschaft *Physik* denken wir aber gerade eher an künstliche Gegenstände als an natürliche, also an Natur im Sinne von Naturwissenschaft. Kant unterscheidet von der Natur in materieller Bedeutung[2] — von der wir oben zuerst gesprochen haben — die Natur in *formaler* Bedeutung[3], die mit dem Begriff Naturwissenschaft *auch* gemeint ist, und die die „Natur der Dinge" meint, oder auch die „Natur des Menschen". Gegenstand der Naturwissenschaft ist beides: Sie will ergründen, was die Welt im Innersten zusammenhält, pointiert: die Natur der Natur.

Dieselbe Frage ist auch Gegenstand der Natur*philosophie*. Naturwissenschaft ist aus Naturphilosophie hervorgegangen: Newton nennt sein Werk: ›Philosophiae naturalis principia mathematica‹, die englische Zeitschrift für Naturwissenschaft heißt noch heute Philosophical Magazine. Naturwissenschaft sucht Theorien zur objektiven Beschreibung von Natur. Die Naturphilosophie soll, gemäß der Aufgabe von Philosophie, analysieren, inwiefern die Naturwissenschaft eine Spezialisierung ist oder, anders ausgedrückt, was ihre Voraussetzungen sind. — Das ist noch eine sehr allgemeine Charakterisierung. Wir wollen zur Verdeutlichung unser Bild von Naturphilosophie absetzen von zwei anderen Arten, die Voraussetzungen der Naturwissenschaft zu untersuchen:

1. *Wissenschaftswissenschaft* (science of science): Die Naturwissenschaft, wie wir sie kennen, ist in einer für sie geeigneten historischen Situation entstanden und kann sich auch heute nur entwickeln in einem günstigen Nährboden innerhalb der Gesellschaft: Nicht nur Geld und Prestige für die aktiv Beteiligten muß ausreichen, sondern auch das „geistige Klima" kann die Naturwissenschaft fördern oder ihr schaden, das Leben vieler, auch z. B. in der Philosophie, muß die richtigen Fragen nahelegen, und

[2] „...der Inbegriff aller *Dinge*, so fern sie *Gegenstände unserer Sinne*, mithin auch der Erfahrung sein können, worunter also das Ganze aller Erscheinungen, d. i. der Sinnenwelt, mit Ausschließung aller nichtsinnlichen Objekte verstanden wird" (Kant 1786, S. III).

[3] „...das erste innere *Prinzip* alles dessen,...was zum Dasein eines Dings gehört" (ibid.; vgl. Plaaß 1965).

das Ausbildungssystem muß geeignete Frager hervorbringen. Faszinierende Untersuchungen dieser Art, die eigentlich erst den Namen einer „Geschichte der Naturwissenschaft" verdienen, kommen ohne systematische Betrachtung der Naturwissenschaft nicht aus (vgl. Kuhn, oder van den Daele et. al.); sie sind aber nicht das, was wir Naturphilosophie nennen wollen.

2. *Wissenschaftstheorie* (philosophy of science): Auf der Grundlage der Analytischen Philosophie, in einer Kombination von logischer Analyse und Empirismus, hat sich eine breite Forschungsrichtung der Philosophie entwickelt, die sich überwiegend mit der *Methode* der Naturwissenschaft beschäftigt. Es handelt sich hier vor allem darum, so präzis wie möglich, im Sinne der formalen Logik, die Grundbegriffe der Naturwissenschaft zu analysieren: Was ist ein Naturgesetz, eine gesetzesartige Aussage? Wie kann die Gültigkeit eines Naturgesetzes dargetan oder widerlegt werden? etc[4]. — Wir wollen die Naturphilosophie von dieser Wissenschaftstheorie dadurch unterscheiden, daß sowohl die Methode wie auch der formallogische Aspekt in den Hintergrund tritt, und ebenso dadurch, daß wir explizit vom empiristischen Ansatz abgehen. Wir wollen uns eher auf den *Inhalt* der Naturwissenschaft stützen, müssen aber gleich einschränkend hinzusetzen, daß dieser Inhalt nicht irgendwo unabhängig von der Wissenschaft vorhanden ist: Die Antworten, die wir bekommen, hängen ab von den Fragen, die wir gestellt haben.

Unser Nachdenken über die Natur der Natur ist entscheidend angeregt worden durch die beiden grundlegenden physikalischen Theorien, Relativitätstheorie und Quantenmechanik, die in diesem Jahrhundert aus der weiterentwickelten klassischen Physik entstanden sind. Besonders die Quantenmechanik hat die bis dahin herrschenden Vorstellungen über Natur gründlich erschüttert und eine naturphilosophische Diskussion entfacht, die gerade in den vergangenen 10—15 Jahren wieder sehr intensiv geworden ist. Leider findet sie bisher vorwiegend unter Spezialisten der mathematischen Physik statt, weil der Formalismus der physikalischen Theorie die grundlegenden Fragen für den Nichtfachmann ganz verdunkelt. Vielleicht kann dieses Büchlein dazu beitragen, die naturphilosophische Diskussion über Quantenmechanik auch einem nicht in mathematischer Physik ausgebildeten Interessierten zugänglich zu machen.

[4] Zur Erläuterung verweise ich vor allem auf die Literatur. Nähere Hinweise finden sich in dem Einführungsbändchen von E. Ströker in dieser Reihe, und z.B. in W. Stegmüller 1969.

II. WAS IST WIRKLICH?

Wir sind aufgewachsen mit den Vorstellungen der klassischen Physik über die Wirklichkeit „an sich", die hinter den vielfältigen Erscheinungen verborgen ist: Alle die vielen wahrnehmbaren Eigenschaften und Veränderungen gehen zurück auf die Bewegung kleinster Teilchen, nach den Grundgesetzen der Physik; die ganze Welt funktioniert wie eine riesige Maschine, deren Konstruktionsprinzipien wir ermitteln können, indem wir Teile möglichst isolieren und ihr Verhalten studieren. Das so gewonnene Wissen läßt sich nach dieser Auffassung abbilden in mathematischen Formalismen, deren Beherrschung uns die Beherrschung der Natur, der Wirklichkeit erlaubt (vgl. H. Hertz, G. Ludwig 1974). Den prägnantesten Ausdruck findet dieses Weltbild (beschränkt auf die Mechanik) im *Laplaceschen Dämon*. Dieser Dämon ist ein übermenschlich gut informiertes und intelligentes Wesen, das den augenblicklichen Ort und Impuls aller Teilchen zu einer Zeit weiß und außerdem alle Bewegungsgleichungen integrieren kann; ein solches Wesen weiß dann auch den Zustand der ganzen Welt zu jeder anderen Zeit, es kann alle Tatsachen der Vergangenheit und alle Voraussagen für die Zukunft genau ausrechnen. Daß *wir* den Gang der Welt nicht so berechnen können, liegt *nur* an unserer Beschränktheit; *an sich* liegen Ort und Impuls jedes Teilchens, also alle Eigenschaften der Welt, für jede Zeit fest.

Die Vorstellung von unveränderlichen Elementarteilchen, deren Beziehungen untereinander die vielfach veränderlichen Phänomene hervorbringen, gibt es schon bei Demokrit und Leukipp. Von diesem *Atomen* gibt es so viele Arten, wie es Elemente gibt, also z. B. je eine Art für Erde, Wasser und Luft — entsprechend unseren „Aggregatzuständen"; oder eine weitere Art für Feuer — heute parallel gesetzt zum Plasma, dem Aggregatzustand etwa der Sonne. Wir können das beruhigende Gefühl pflegen, daß wir diese Dinge besser wissen, wenn auch die Alten schon Beachtliches geleistet haben: Wir haben die 92 (oder mit den Transuranen sogar über 100) Elemente der Chemie fest im Griff; wir wissen, daß Aggregatzustände eine unabhängige zusätzliche Eigenschaft der Stoffe sind — und daß Atome, ihrem Namen untreu, doch teilbar und auch wandelbar sind. Insofern ist also die griechische Naturphilosophie nur Vorläufer der neuzeitlichen Naturwissenschaft.

Diese beruhigende Gewißheit wird — wie nicht anders zu erwarten — bei näherem Zusehen schnell erschüttert. Platon z. B. schreibt im Timaios über die Erklärungskraft von Atomtheorien. Er übernimmt die Lehre von den Elementen, die aus je einer Sorte von Atomen bestehen, und er fragt weiter, woraus diese Atome bestehen. Wieder aus einem Stoff können sie nicht sein, denn dann wäre nichts erklärt[1]. In Wirklichkeit, sagt Platon, sind die Atome reguläre Körper, diese sind aus regulären Vielecken zusammengesetzt, die man aus Dreiecken zusammensetzen kann, und die Dreiecke bestehen aus je drei Seiten. — Verwechselt hier Platon zwei verschiedene Wissenschaften, springt einfach von der Naturbeschreibung in die Mathematik? Oder kann man seine Erklärung verstehen? — Die heutige Naturwissenschaft ist mathematische Wissenschaft, ihre Erklärung ist nicht wesentlich anders als die Platons: Die „zugrundeliegende Wirklichkeit" ist auch nach der modernen Physik etwas ganz Abstraktes, nur durch einen mathematischen Formalismus Beschreibbares; „Elementarteilchen" sind *nicht* wieder so wie Stecknadelköpfe, nur kleiner. Wir sind also Platon mit unserer Physik relativ nahe, indem wir als „eigentliche Wirklichkeit" etwas behaupten, das wir die mathematische Struktur nennen — Platon spricht von den Ideen, die als einzige erkennbar sind, weil sie *sind*, während die Erscheinungen „nur" werden und vergehen. Hier soll keine Platon-Interpretation gegeben[2], sondern zunächst nur die Frage nach der Wirklichkeit erläutert werden: „Realismus" ist nicht einfach selbstverständlich. Auf die moderne Physik, die im Detail anders und noch einmal komplizierter ist, als hier angedeutet, kommen wir in den folgenden Kapiteln.

Kant betrachtet die Wirklichkeit unter einem anderen Aspekt, von der Seite des erkennenden Subjekts. Es lohnt sich, die Kantischen Gedanken etwas ausführlicher zu erläutern, vor allem in Hinblick auf heutige empiristische Vorstellungen[3]: Kant beginnt beim Grundproblem des Empirismus, wie es David Hume darstellt. Er schreibt (Prolegomena A 13): „Ich gestehe frei, die Erinnerung des David Hume war eben dasjenige, was mir vor vielen Jahren zuerst den dogmatischen Schlummer unterbrach, und meinen Untersuchungen im Felde der spekulativen Philosophie eine ganz andere Richtung gab." Die „Erinnerung des David Hume" bestand in folgendem Argument[4]: Es gibt, sagt Hume, zwei Gebiete menschlicher Erkenntnis, nämlich "on matters of fact" und "on relations of ideas". In den Beziehungen der Vor-

[1] Dieser Stoff müßte wieder aus Atomen sein, etc.: ein unendlicher Regreß. Wenn außerdem ein Atom als ein „Klümpchen" von etwas vorgestellt wird, dann mag es zu einer Zeit *praktisch* unmöglich sein, ein solches Klümpchen zu teilen — aber man kann sich immer Teilchen davon *denken* — s. unten. Vgl. auch W. Heisenberg 1969, Kap. I; W. Heisenberg 1976.

[2] Dazu vgl. K.-M. Meyer-Abich 1973; C. F. von Weizsäcker 1971: Parmenides und die Quantentheorie.

[3] Vgl. C. F. v. Weizsäcker 1977a.

[4] Enquiry concerning Human Understanding, IV.

stellungen untereinander sei die Logik ein zuverlässiger Führer, aber über die Tatsachen — also über unser Thema, die Wirklichkeit — gebe es keine sichere Erkenntnis. Daß die Sonne morgen *nicht* aufgehen wird, ist eine ebenso verständliche Behauptung und genausowenig widersprüchlich wie die Versicherung, daß sie aufgehen wird. Allgemein gesagt: aus vergangenen Ereignissen läßt sich logisch überhaupt nichts über zukünftige Ereignisse ableiten. — Hume begegnet auch gleich dem möglichen Einwand, daß sich doch bisher solche Schlüsse sehr bewährt hätten; das „Induktionsprinzip", das besagt, daß in der Vergangenheit gefundene Gesetze auch in Zukunft gelten, ist doch tatsächlich durch lange Erfahrung bestens bestätigt. Aber Hume bemerkt zu Recht, daß dieses Argument für das Induktionsprinzip eben dieses Induktionsprinzip schon voraussetzt. Könnten wir *nicht* aus der Vergangenheit auf die Zukunft schließen, dann würden auch die größten Erfolge des Induktionsprinzips in der Vergangenheit keinen Schluß auf seine Geltung für die Zukunft erlauben[5]. Es gibt daher, sagt Hume, nur einen *Glauben* an das Induktionsprinzip, der aus der *Gewöhnung* kommt — denn merkwürdigerweise hat es sich ja in der Vergangenheit bewährt.

Kant beginnt mit der Unausweichlichkeit dieses *Humeschen Problems*. Er sieht andererseits die Kraft der physikalischen Gesetze, ihre, wie es scheint, Notwendigkeit und Allgemeinheit. In beiden Punkten können wir, angesichts der modernen Physik, nur zustimmen; wie aber geht beides zusammen? Um das zu denken, vollzieht Kant eine „Revolution der Denkungsart", seine „kopernikanische Wende".

Kopernikus findet als selbstverständliche Auffassung vor, daß das Himmelsgewölbe sich um uns dreht, die wir auf der Erde fest stehen, und die Planeten sich auf dem Himmel bewegen. Seine Revolution besteht darin, daß er den Standpunkt wechselt, daß er die Erde und damit uns selbst auch als bewegt betrachtet in einem allgemeineren System. Ähnlich versteht Kant seine eigene Revolution: Er findet als selbstverständliche Auffassung vor, daß die Naturwissenschaft wenigstens stückweise die Natur erkennt, so wie es die Natur eben gibt. Dem setzt er entgegen, daß man ja nur Antworten bekommt auf Fragen, die man stellen kann. Er wechselt den Standpunkt und betrachtet auch unser eigenes Erkenntnisvermögen: Wir können die Dinge nur so

[5] Ganz entsprechend formuliert K. Popper 1935, auf den sich die heutige Diskussion eher beruft: Ein allgemeines Gesetz kann nicht durch Vorzeigen von positiven Fällen *verifiziert* werden, denn sein Geltungsbereich umfaßt unendlich viele Fälle, insbesondere künftige. Poppers Ausweg ist, daß Gesetzeshypothesen wenigstens *falsifizierbar* sind (durch ein einziges Gegenbeispiel) und daß man solchen Hypothesen um so mehr trauen soll, je mehr Falsifizierungsversuche sie überstanden haben. Popper räumt selbst ein, daß zur Falsifikation einer Hypothese andere Hypothesen — etwa über das Meßgerät — schon als wahr vorausgesetzt werden müssen.

erkennen, wie sie uns erscheinen (eine Trivialität); wie die Dinge an sich selbst auch immer sein mögen, wir erkennen nur Erscheinungen. In vielen Fassungen versucht Kant seinen Gedanken klarzumachen, so etwa in der Vorrede zur zweiten Ausgabe der Kritik der reinen Vernunft (Kr. d. r. V. B XIII): „Die Vernunft muß...an die Natur gehen, zwar um von ihr belehrt zu werden, aber nicht in der Qualität eines Schülers, der sich alles vorsagen läßt, was der Lehrer will, sondern eines bestallten Richters, der die Zeugen nötigt, auf die Fragen zu antworten, die er ihnen vorlegt."

Um es noch einmal tautologisch zu formulieren: wir können Erfahrung nur so machen, wie *wir* Erfahrung machen können. Kant verschärft also die Humesche Erklärung aus Gewohnheit und Glauben, indem er sagt: wir könnten gar nicht leben — nämlich Erfahrung machen —, wenn nicht bestimmte Bedingungen zur Erfahrung erfüllt wären. Diese Bedingungen sind notwendig und allgemein erfüllt, weil ohne sie keine Erfahrung möglich wäre; und Erfahrung ist doch offenbar möglich, sonst könnten wir nach Notwendigkeit und Allgemeinheit nicht einmal fragen.

Die kopernikanische Wende Kants besteht darin, daß er nicht versucht, die Dinge zu betrachten, wie sie an sich selbst sind — denn das wäre ohnehin außerhalb jeder menschlichen Erfahrung —, sondern er betrachtet die Bedingungen, unter denen etwas Erfahrung *für uns* werden kann. Die Wirklichkeit, die wir erfahren, ist also nicht eine Wirklichkeit an sich, sondern sie ist vorgeprägt von unserer Fähigkeit, Erfahrung zu machen. — In dieselbe Richtung gehen Erkenntnisse der biologischen Kybernetik[6], die besagen, daß schon in der Wahrnehmung die „subjektiven" Bedingungen des wahrnehmenden Lebewesens entscheidend sind: Die berühmte „Umwelt" einer Zecke besteht bei J. v. Uexküll, wenn überhaupt, nur aus dem Schweißgeruch von Warmblütern und behaarter Haut. Bei den primitivsten Organismen besteht die „Wahrnehmung" nur aus Reaktionen auf Reize; bei komplizierteren Organismen stellen wir teilweise hochkomplizierte Prozesse fest, die unter bestimmten Bedingungen „ausgelöst" werden können — von einer „Wahrnehmung" der Umwelt ist dabei nichts festzustellen. Es ist offenbar eine spezifische Leistung der Evolution, daß in höheren Lebewesen die einzige Reaktion auf einen Reiz ein „innerer" Prozeß sein kann, das Zur-Kenntnis-Nehmen. Trotzdem spricht auch diese innere Reaktion ganz spezifisch auf vorgegebene Bedingungen an, und es ist noch einmal eine spezifische Leistung insbesondere des menschlichen Wahrnehmens, daß sich das Wahrgenommene als objektiv vorhandene Gegenstände verstehen läßt, als eine Wirklichkeit, die unabhängig von meinem Ort in ihr, meiner Stimmung oder meinen Wünschen vorhanden ist. Diese Leistung der mensch-

[6] Vgl. K. Lorenz 1973; H. v. Ditfurth 1976; C. F. v. Weizsäcker 1977b.

lichen Species hat es ihr allerdings erlaubt, die entschiedene Übermacht über alle anderen zu gewinnen.

Kant macht — wie oben gesagt — darauf aufmerksam, daß es hieße, das menschliche Vermögen der Objektivität überzubeanspruchen, wenn man annähme, es zeigte uns die Dinge, wie sie an sich selbst sind: Wir erfahren die Welt so, wie wir erfahren können; insofern hängt also, was wir erfahren, von unserem Vermögen der Erfahrung ab. (Bei der Quantenmechanik werden wir sogar sehen, daß es strenggenommen eine an sich vorhandene Welt nicht geben kann.)

Eine andere Theorie, in der die Natur unseres Vermögens in die Analyse der Wirklichkeit einbezogen wird, finden wir bei Ernst Mach[7]. Seine Theorie unterscheidet sich von der Kantischen und verdient als Kontrast zu dieser, daß wir uns mit ihr etwas beschäftigen: Mach geht aus von den Reizen, die auf den Menschen einwirken und in ihm Empfindungen hervorrufen. Diese Empfindungen sieht Mach als aus Elementen zusammengesetzt entsprechend der Physiologie der Sinnesorgane; solche Elemente sind z. B. ein Farbpunkt im Gesichtsfeld, ein Ton einer bestimmten Frequenz und ähnliches. Aus diesen Empfindungselementen setzt das Denken größere Einheiten zusammen zur größeren „Ökonomie des Denkens". In Machs Worten:

> Das Ding ist eine Abstraktion, der Name ein Symbol für einen Komplex von Elementen, von deren Veränderung wir absehen. Daß wir den ganzen Komplex durch *ein* Wort, durch *ein* Symbol bezeichnen, geschieht, weil wir ein Bedürfnis haben, alle zusammengehörigen Eindrücke auf einmal wachzurufen. ... die Empfindungen sind auch keine „Symbole der Dinge". Vielmehr ist das „Ding" ein Gedankensymbol für einen Empfindungskomplex von relativer Stabilität. Nicht die Dinge (Körper), sondern Farben, Töne, Drucke, Räume, Zeiten (was wir gewöhnlich Empfindungen nennen) sind eigentlich *Elemente der Welt*.

Die neurophysiologische und kybernetische Forschung hat gezeigt, daß das, was ich empfinde, jedenfalls nicht aus den Machschen Elementen zusammengesetzt ist. Was ich sehe, sind zunächst Gestalten, was ich höre, „Klanggestalten". Das Primäre sind sogar eigentlich Empfindungen in einer anderen Wortbedeutung: Ich empfinde angenehm — unangenehm; Gefahr — Lust; bleiben! — weggehen!. Alle Empfindungen haben zunächst, auch in der Reihenfolge der Evolution, *Bedeutung*. Erst nachträglich kann ich das Wahrgenommene als zusammengesetzt analysieren, es in seine Elemente auflösen. Die Beschreibung mit Hilfe solcher Elemente ist *Ergebnis* einer objektivierenden Theorie, nicht ihre Voraussetzung. Speziell für die Elemente Machs ist das deutlich zu sehen. Er denkt wohl an die Unterscheidungen, welche einzelne Sinneszellen machen können, und meint mit „Denk-

[7] Vgl. z. B. E. Mach 1933, IV, 4, und dort zitierte Arbeiten.

Ökonomie" die Verarbeitung der Impulse aus diesen Sinneszellen im Nervensystem. Betrachten wir, nach neuerer Erkenntnis, z.B. die schon vom Netzhautsystem verarbeiteten Nervenimpulse, die Gestalten oder Bewegungen signalisieren, als Elemente, dann können wir in etwas anderer Aufteilung die Machsche Analyse nachvollziehen: In jedem Fall ist nach Mach das eigentlich Wirkliche zusammengesetzt aus Empfindungselementen, die einer „an sich vorhandenen" Welt entstammen, die in einer objektivierenden Theorie beschrieben wird. In ihrer Ontologie ist also die Machsche Theorie nicht anders als die klassische Physik, wenn sie auch zunächst von „subjektiven" Voraussetzungen ausgeht.

Die Physik hat, ebenso wie Mach, nach einfachen Elementen der Wirklichkeit gesucht, in der Neuzeit zunächst naiver als Platon, ohne sich nähere Gedanken über den Charakter solcher Atome oder Elementarteilchen zu machen. Es ist interessant, daß Mach die Hypothese von Atomen zur Erklärung von Phänomenen entschieden abgelehnt hat als eine, im Vergleich zu seinen Empfindungselementen, viel zu abenteuerliche Spekulation. Erst die Betrachtung von Brownscher Bewegung im Mikroskop hat ihn wohl in seiner Ablehnung schwankend gemacht. — Die Naivität in der Physik der Atome und Elementarteilchen ist durch die Entwicklung der Theorie selbst, nämlich der statistischen Thermodynamik und der Quantenmechanik, aufgehoben worden; wir werden darauf im VIII. Kapitel zu sprechen kommen. Hier wollen wir nur die prinzipielle Frage stellen nach der Möglichkeit von elementaren Bestandteilen, wie sie in der Kantischen ›Zweiten Antinomie der Erfahrung‹ gestellt wird (Kr. d. r. V. A 434/B 462). Kant schreibt:

DER ANTINOMIE DER REINEN VERNUNFT
ZWEITER WIDERSTREIT DER TRANSZENDENTALEN IDEEN

Thesis

Eine jede zusammengesetzte Substanz in der Welt besteht aus einfachen Teilen, und es existieret überall nichts als das Einfache, oder das, was aus diesem zusammengesetzt ist.

Beweis

Denn, nehmet an, die zusammengesetzte Substanzen beständen nicht aus einfachen Teilen: so würde, wenn alle Zusammensetzung in Gedanken aufgehoben würde, kein zusammengesetzter Teil, und (da es keine einfache Teile gibt) auch kein einfacher, mithin gar nichts übrig bleiben, folglich keine Substanz sein gegeben worden. Entweder also läßt

Antithesis

Kein zusammengesetztes Ding in der Welt besteht aus einfachen Teilen, und es existiert überall nichts Einfaches in derselben.

Beweis

Setzet: ein zusammengesetztes Ding (als Substanz) bestehe aus einfachen Teilen. Weil alles äußere Verhältnis, mithin auch alle Zusammensetzung aus Substanzen, nur im Raume möglich ist: so muß, aus so viel Teilen das Zusammengesetzte besteht, aus eben so vielen Teilen auch der Raum bestehen, den es einnimmt. Nun besteht der Raum nicht aus einfachen Teilen, sondern aus Räumen.

sich unmöglich alle Zusammensetzung in Gedanken aufheben, oder es muß nach deren Aufhebung etwas ohne alle Zusammensetzung Bestehendes, d. i. das Einfache, übrig bleiben. Im ersteren Falle aber würde das Zusammengesetzte wiederum nicht aus Substanzen bestehen (weil bei diesen die Zusammensetzung nur eine zufällige Relation der Substanzen ist, ohne welche diese, als für sich beharrliche Wesen, bestehen müssen). Da nun dieser Fall der Voraussetzung widerspricht, so bleibt nur der zweite übrig: daß nämlich das substantielle Zusammengesetzte in der Welt aus einfachen Teilen bestehe.

Hieraus folgt unmittelbar, daß die Dinge der Welt insgesamt einfache Wesen *sein* (A: „*sind*"; Akad.-Ausg.: „*seien*"), daß die Zusammensetzung nur ein äußerer Zustand derselben sei, und daß, wenn wir die Elementarsubstanzen gleich niemals völlig aus diesem Zustande der Verbindung setzen und isolieren können, doch die Vernunft sie als die ersten Subjekte aller Komposition, und mithin, vor derselben, als einfache Wesen denken müsse.

Also muß jeder Teil des Zusammengesetzten einen Raum einnehmen. Die schlechthin ersten Teile aber alles Zusammengesetzten sind einfach. Also nimmt das Einfache einen Raum ein. Da nun alles Reale, was einen Raum einnimmt, ein außerhalb einander befindliches Mannigfaltiges in sich fasset, mithin zusammengesetzt ist, und zwar, als ein reales Zusammengesetztes, nicht aus Akzidenzen (denn die können nicht ohne Substanz außer einander sein), mithin aus Substanzen: so würde das Einfache ein substantielles Zusammengesetztes sein; welches sich widerspricht.

Die Thesis formuliert den Gedanken, welcher der Suche nach Atomen und Elementarteilchen zugrunde liegt. Der hier zitierte Teil der Antithesis formuliert das entscheidende Problem dieses Gedankens im Rahmen der klassischen Physik. Kant sagt im zweiten Teil des Beweises der Antithesis, daß es unmöglich ist, die „Einfachheit" eines Objekts zu beweisen. Das Argument besagt sinngemäß, daß man vielleicht gewisse Teile eines Stoffs nicht mehr teilen könne, daß man aber nie *ausschließen* könne, daß ein solcher Teil doch selbst noch Teile hat, auch wenn man zu der Zeit keine Teile erkennen kann. Der oben zitierte erste Abschnitt konkretisiert das Argument: Stellt man sich ein raumerfüllendes Objekt zerschnitten vor, dann erfüllen die Teile Teilräume, jedenfalls wieder endliche Volumina, (wie man in der Sprache der heutigen Physik sagen würde), die man sich wieder in derselben Weise zerschnitten *denken* kann. Auch wenn man ein Objekt nicht wirklich zerlegen kann, hat es doch immer Teile entsprechend den Teilen des Raums, den es erfüllt.

Diese Konsequenz scheint mir unausweichlich, wenn man jeweils die Teile als von derselben Art wie das Ganze betrachtet. Man kommt dann zur Aristotelischen Definition des Kontinuums als etwas, dessen Teile wiederum teilbar sind (Aristoteles, Phys. Z), und entsprechend zu einem kontinuierlichen Raum. Kant löst die Antinomie auf (Kr. d. r. V B 551 bis 555), indem er diese Kontinuumseigenschaft in Verbindung bringt mit einer *potentiellen* Unendlichkeit, entsprechend Aristoteles: Daß jeder Teil wieder geteilt werden *kann*, bedeutet nicht, daß er aus solchen herstellbaren Teilen schon *(aktual)* besteht (vgl. Kap. V).

Die moderne Physik bietet eine andere Auflösung der Antinomie, indem sie die Gleichartigkeit von Teilen und Ganzem aufhebt: Elementarteilchen sind Objekte ganz anderer Art als etwa sehr kleine Stecknadelköpfe; die gewohnten Begriffe unserer alltäglichen Umwelt sind auf sie nicht anwendbar. Im Detail kommen wir auf die Andersartigkeit dieser Wirklichkeit im VIII. Kapitel zu sprechen; hier wollen wir sie an einer Heisenbergschen These zur Teilbarkeit erläutern: Jeder Stoff läßt sich in Moleküle aufteilen, grob gesagt; Moleküle lassen sich chemisch in Atome zerlegen, Atome lassen sich ganz gut als aus Kern und Elektronenhülle aufgebaut beschreiben, der Kern schließlich noch als bestehend aus Protonen und Neutronen. Was ist aber mit den Elementarteilchen wie Protonen, Neutronen, Elektronen und ca. 200 weiteren[8]? Die einzig mögliche Art, sie zu „teilen“, ist das Beschießen mit anderen Elementarteilchen. Wenn die Geschoß-Teilchen genügend Energie haben, dann entstehen aus dem Zusammenprall viele neue Teilchen. Die Interpretation dieser neuen Teilchen als Bestandteile der ursprünglichen Teilchen ist allerdings etwas ungewohnt; denn unter den neuentstandenen Teilchen können mehrere vom selben Typ wie die ursprünglichen sein. Hier handelt es sich also eher um eine Vervielfachung als um eine Teilung; die Gesamtmasse der nach dem Zusammenstoß vorhandenen Teilchen kann ein Vielfaches der ursprünglichen Gesamtmasse sein, nämlich in Ruhmasse verwandelte Bewegungsenergie (vgl. Kap. III). Dieses Phänomen findet sich schon bei den aus Protonen und Neutronen zusammengesetzten Atomkernen: Der zusammengesetzte Kern hat weniger Ruhmasse, als eine entsprechende Anzahl von freien Protonen und Neutronen Ruhemasse hätte. Dieser „Massendefekt“ entspricht der Bindungsenergie des Kerns, die in Kernreaktoren oder Atombomben freigesetzt wird. Im Prinzip entsteht bei jeder Bindung von Teilobjekten in einem Gesamtobjekt ein Massendefekt, bei chemischen Bindungen ebenso wie bei der Gravitationsbindung der Planeten an die Sonne; nur ist in den letzteren Fällen der Massendefekt unmeßbar klein verglichen mit den Ruhmassen der Teile. — Ebenso wie in diesen

[8] Vgl. Particle Data Group.

Fällen kann man die Energie, die zur Erzeugung weiterer *Elementarteilchen* bei einem Teilchenstoß notwendig ist, als Bindungsenergie der erzeugten Teilchen betrachten, mit der sie in den ursprünglichen Teilchen gebunden sind. Dann ist allerdings die Bindungsenergie um ein Vielfaches größer als die Ruhenergie des gebundenen Systems, nach bisheriger Erfahrung sogar beliebig groß, und man müßte mit Heisenberg sagen: „Jedes Elementarteilchen besteht aus allen Elementarteilchen." Diese Formulierung pointiert, wie unangebracht hier die Vorstellung von Teilen ist, aus denen Elementarteilchen bestehen. Offensichtlich verlieren im Bereich der Elementarteilchen Begriffe wie „Bestandteile" oder „zusammengesetzt" ihren üblichen Sinn (W. Heisenberg 1976). Wir werden unter VIII. Ansätze einer Theorie kennenlernen, in der doch die Zusammensetzung von Objekten auch für Elementarteilchen eine große Rolle spielt — aber in einem ganz abstrakten Sinn. Jedenfalls verflüchtigt sich hier die Vorstellung, das eigentlich Wirkliche seien elementare Bestandteile wie Bausteine in einem Haus.

Die Theorie der „Mikrowelt" der Atome und Elementarteilchen ist die Quantentheorie. In der Diskussion dieser Theorie spielt gerade die „Wirklichkeit" eine besondere Rolle. Im Vorgriff auf eine genauere Besprechung im VIII. Kapitel wollen wir deshalb hier kurz die zentrale Frage der *klassischen Begriffe* in der Quantenmechanik betrachten.

Bekanntlich ist mit der Entdeckung der Quantenmechanik eine physikalische Beschreibung von atomaren Phänomenen möglich geworden, die nach der klassischen Physik unverständlich waren. Die Quantenmechanik hat also, als die bessere Theorie über die Wirklichkeit, die klassische Theorie ersetzt; wo sich die Theorien widersprechen, ist die Quantenmechanik richtig, die klassische Theorie falsch. Gemäß der Quantenmechanik ist die klassische Theorie allerdings noch *genähert* richtig in solchen Bereichen, in denen sie sich von der Quantenmechanik wenig unterscheidet; das gilt vor allem in ihrem traditionellen Anwendungsbereich, in dem sie sich ja auch vorher gut bewährt hat.

Das ist ein einleuchtendes Bild vom theoretischen Fortschritt. Allerdings erfaßt dieses Bild nur einen Aspekt der Beziehung zwischen klassischer Physik und Quantenmechanik. Der andere Aspekt scheint diesem gerade zu widersprechen: Die Quantenmechanik macht Wahrscheinlichkeitsvoraussagen für Messungen; daß Messungen existieren und daß sie eindeutig beschreibbar sind, wird in der Quantenmechanik undiskutiert vorausgesetzt. Eine Messung kann nur in den Begriffen der klassischen Physik beschrieben werden. Die Quantenmechanik setzt also die klassische Physik voraus; ohne sie hätten ihre Aussagen überhaupt keine Bedeutung.

Wir treffen hier auf die paradoxe Situation, daß einerseits die Quantenmechanik die klassische Physik voraussetzt, andererseits aber die klassische

Physik auf Grund eben dieser Quantenmechanik falsch ist. Die Lösung liegt darin, daß in gewissen Bereichen, eben den hier entscheidenden, die beiden Theorien in genügend guter Näherung übereinstimmen.

Wir müssen dieses Thema wiederaufnehmen, wenn wir etwas näher auf die begriffliche Struktur der Quantenmechanik eingegangen sind (VIII). Die hier gegebene, vielleicht allzu kurze Darstellung der „Notwendigkeit klassischer Begriffe" sollte das Problem der Wirklichkeit noch einmal von einer anderen Seite beleuchten: Die Quantenmechanik, die *richtige* Theorie, gibt Wahrscheinlichkeiten für Meßergebnisse, beschreibt also *Möglichkeiten*; die Messung, also die Wirklichkeit des Physikers, wird beschrieben in der klassischen Theorie, die strenggenommen falsch ist. — Lassen Sie mich das anekdotisch etwas ausmalen:

Niels Bohr, den das Problem der klassischen Begriffe ganz besonders beschäftigt hat, unterhielt sich mit seinen Schülern beim üblichen Institutstee; man sprach über die neue Quantentheorie, welche die alten Probleme so glänzend löste, nur leider begrifflich schwierig schien. Edward Teller äußerte sich optimistisch, es könne doch sein, daß man sich an die bisher ungewohnten Begriffe der Quantenmechanik genauso gewöhnen würde, wie man sich an die vorher ungewohnten Begriffe der Relativitätstheorie gewöhnt habe; die klassische Physik könne man dann ganz vergessen. Darauf Bohr: „Es könnte ja auch sein, daß wir gar nicht hier sitzen und Tee trinken, sondern das alles nur träumen."

Die Wellenfunktion („ψ-Funktion"), die in der Quantenmechanik den Zustand eines Objekts beschreibt, enthält die möglichen Beschreibungen dieses Objekts als „Überlagerung". E. Schrödinger karikiert die Auffassung, diese ψ-Funktion sei eine Beschreibung von Wirklichkeit im klassischen Sinn, mit seinem berühmten Katzenbeispiel:

Man kann auch ganz burleske Fälle konstruieren. Eine Katze wird in eine Stahlkammer gesperrt, zusammen mit folgender Höllenmaschine (die man gegen den direkten Zugriff der Katze sichern muß): in einem Geigerschen Zählrohr befindet sich eine winzige Menge radioaktiver Substanz, so wenig, daß im Lauf einer Stunde vielleicht eines von den Atomen zerfällt, ebenso wahrscheinlich aber auch keines; geschieht es, so spricht das Zählrohr an und betätigt über ein Relais ein Hämmerchen, das ein Kölbchen mit Blausäure zertrümmert: Hat man dieses ganze System eine Stunde lang sich selbst überlassen, so wird man sich sagen, daß die Katze noch lebt, wenn inzwischen kein Atom zerfallen ist. Der erste Atomzerfall würde sie vergiftet haben. Die ψ-Funktion des ganzen Systems würde das so zum Ausdruck bringen, daß in ihr die lebende und die tote Katze (s. v. v.) zu gleichen Teilen gemischt oder verschmiert sind.

Hier ist es besonders deutlich, daß die Quantenmechanik nicht die Wirklichkeit beschreibt. Wenn man das gar nicht von ihr verlangt, entsteht aber auch kein Problem. Die Wellenfunktion beschreibt Ergebnisse möglicher Messungen, in unserem Spezialfall der Feststellung, ob die Katze lebendig oder tot ist. Die Voraussage ist, daß man sie beim Nachschauen in der Hälfte der Fälle lebendig, in der anderen Hälfte der Fälle tot finden wird. Das ist nicht anders als bei beliebigen „klassischen" Wahrscheinlichkeitsaussagen; die Voraussage aus Sterbetafeln ist ja auch nicht, daß ein heute 40jähriger in 30 Jahren je zur Hälfte aus einem lebendigen und einem toten Mann gemischt sein wird.

Was ist also wirklich? Sind das eigentlich Wirkliche die Elementarteilchen? Oder die Bäume und die Geigerzähler? Oder unsere Theorien, der mathematische Formalismus? Oder ist die Frage überhaupt unsinnig? Daß diese *Frage* interessant ist, sollte dieses Kapitel zeigen; über eine Antwort kann man am Schluß des Buchs noch einmal reden.

III. RELATIVITÄT DER GLEICHZEITIGKEIT

1. Relative und absolute Größen

Der erste Stoß für die Grundlagen der klassischen Physik kam von der Speziellen Relativitätstheorie Albert Einsteins (1905). Sie brachte eine neue Vorstellung von Raum und Zeit.

Wer die Spezielle Relativitätstheorie nicht kennt, wird als selbstverständlich annehmen, daß die Bedeutung des Begriffs „zugleich" klar ist: Selbst wenn von zwei entfernten Ereignissen nicht feststellbar ist, ob sie zugleich stattfinden, so ist doch klar, was *gemeint* ist mit der Behauptung, sie seien gleichzeitig. Newton hat diese selbstverständlich scheinende Annahme ausdrücklich formuliert als die Behauptung eines *absoluten Raums* und einer *absoluten Zeit:*

Bis jetzt habe ich zu erklären versucht, in welchem Sinne weniger bekannte Benennungen in der Folge zu verstehen sind. *Zeit, Raum, Ort* und *Bewegung* als allen bekannt erkläre ich nicht. Ich bemerke nur, daß man gewöhnlich diese Größen nicht anders als in bezug auf die Sinne auffaßt, und so gewisse Vorurteile entstehen, zu deren Aufhebung man sie passend in absolute und relative, wahre und scheinbare, mathematische und gewöhnliche unterscheidet.

I. *Die absolute, wahre* und *mathematische* Zeit verfließt an sich und vermöge ihrer Natur gleichförmig und ohne Beziehung auf irgendeinen äußern Gegenstand. Sie wird auch mit dem Namen *Dauer* belegt.

Die relative, scheinbare und gewöhnliche Zeit ist ein fühlbares und äußerliches, entweder genaues oder ungleiches Maß der Dauer, dessen man sich gewöhnlich statt der wahren Zeit bedient, wie Stunde, Tag, Monat, Jahr.

—— Die natürlichen Tage, die gewöhnlich als Zeitmaß für gleich gehalten werden, sind nämlich eigentlich ungleich. Diese Ungleichheit verbessern die Astronomen, indem sie die Bewegung der Himmelskörper nach der richtigen Zeit messen. Es ist möglich, daß keine gleichförmige Bewegung existiert, durch welche die Zeit genau gemessen werden kann, alle Bewegungen können beschleunigt oder verzögert werden; allein der Verlauf der *absoluten* Zeit kann nicht geändert werden. — —

II. Der absolute Raum bleibt vermöge seiner Natur und ohne Beziehung auf einen äußern Gegenstand stets gleich und unbeweglich.

Der relative Raum ist ein Maß oder ein beweglicher Teil des ersteren, welcher von unsern Sinnen durch seine Lage gegen andere Körper bezeichnet und gewöhnlich für den unbeweglichen Raum genommen wird. — —

IV. Die absolute Bewegung ist die Übertragung des Körpers von einem absoluten Ort nach einem andern absoluten Ort, die relative Bewegung die Übertragung von einem relativen Ort nach einem andern relativen Ort. — —

— — So bedienen wir uns, und nicht unpassend, in menschlichen Dingen statt der *absoluten* Orte und Bewegungen der *relativen*, in der Naturlehre hingegen muß man von *den Sinnen abstrahieren*. Es kann nämlich der Fall sein, daß kein wirklich ruhender Körper existiert, auf welchen man die Orte und Bewegungen beziehen könnte. — —

Die Schwierigkeit Einsteins war es, überhaupt eine von der Newtonschen abweichende Vorstellung zu entwerfen. Angenommen, es gibt keinen absoluten Raum, was würde das physikalisch bedeuten? Newton argumentiert für den absoluten Raum mit seinem *Eimerversuch*:

Die wirkenden Ursachen, durch welche absolute und relative Bewegungen voneinander verschieden sind, sind die Fliehkräfte von der Achse der Bewegung. Bei einer nur relativen Kreisbewegung existieren diese Kräfte nicht, aber sie sind kleiner oder größer, je nach Verhältnis der Größe der (absoluten) Bewegung.
Man hänge z. B. ein Gefäß an einem sehr langen Faden auf, drehe denselben beständig im Kreise herum, bis der Faden durch die Drehung sehr steif wird; hierauf fülle man es mit Wasser und halte es zugleich mit letzterm in Ruhe. Wird es nun durch eine plötzlich wirkende Kraft in entgegengesetzte Kreisbewegung gesetzt und hält diese, während der Faden sich ablöst, längere Zeit an, so wird die Oberfläche des Wassers anfangs eben sein, wie vor der Bewegung des Gefäßes; hierauf, wenn die Kraft allmählich auf das Wasser einwirkt, bewirkt das Gefäß, daß dieses (das Wasser) merklich sich umzudrehen anfängt. Es entfernt sich nach und nach von der Mitte und steigt an den Wänden des Gefäßes in die Höhe, indem es eine hohle Form annimmt. (Diesen Versuch habe ich selbst gemacht.)

Die *wahre* Bewegung entspricht der Beschreibung im absoluten Raum. Gehen wir aber nun in den Raum, der sich mit dem Eimer dreht: In diesem Raum steht der Eimer still, das Wasser dreht sich am Anfang schnell und hat dabei eine waagrechte Oberfläche; mit der Zeit dreht sich das Wasser langsamer, steigt dabei an den Rändern und sinkt in der Mitte ein. Das ist ein Bild, das im absoluten Raum nicht auftreten kann. Es scheinen geheimnisvolle Kräfte zu wirken. Diese Kräfte lassen sich gerade dadurch *erklären*, nach Newton, daß der Eimer sich im absoluten Raum dreht. — Akzeptieren wir dieses Argument Newtons! Danach können wir absolute Drehung, allgemeiner: absolute Beschleunigung, von absoluter Nichtbeschleunigung unterscheiden. Wir können aber nicht innerhalb eines Systems feststellen, ob es gegen den absoluten Raum *gleichförmig* bewegt ist. Eine Bewegung zeigt sich gewöhnlich gegen etwas Ruhendes. Wenn sich ein Schiff im Wasser bewegt, das sich seinerseits in einem Flußbett bewegt, dann wird das Schiff sich stromabwärts schnell bewegen, stromaufwärts langsam, wenn die Bewegung des Schiffes im Wasser in beiden Richtungen gleich schnell verläuft — ein Beispiel für die bekannte Zusammensetzung von Relativbewegungen. Ähnlich ist es mit der Schallgeschwindigkeit: Die Schallwellen bewegen sich in der Luft, ihre Ausbreitungsgeschwindigkeit über die Erde ist also in der Windrichtung größer als gegen den Wind. Interessant wird die Frage bei elektromagnetischen Wellen, z. B. beim Licht: Die Wellen scheinen keinen Träger zu haben, sie können sich auch im Vakuum bewegen. Im Vergleich wozu gilt also die Lichtgeschwindigkeit? Gegen den absoluten Raum? Oder bewegen sich die Lichtwellen doch in einem Träger, dem Äther? Oder kann man dem Vakuum einen Bewegungszustand zuschreiben; ist das vielleicht noch etwas anderes als das, was man mit dem Absoluten Raum meint? — In der fundamentalen Theorie des Lichts, der Maxwellschen Elektrodynamik, ist die Lichtgeschwindigkeit im Vakuum, c_0, eine universelle Konstante, die nicht von einer Richtung oder einer Bewegung abhängt. Sie wird abgeleitet aus anderen universellen Konstanten ε_0 und μ_0[1], die in Zusammenhängen auftreten, in denen es sehr fern liegt, eine Abhängigkeit vom Bewegungszustand anzunehmen, z. B. bei der Wirkung von Kondensatoren oder Elektromagneten.

Als diese Frage akut wurde, hat A. A. Michelson, später zusammen mit E. W. Morley, in sehr sorgfältigen Interferenzexperimenten nachgewiesen, daß die Lichtgeschwindigkeit in allen Richtungen gleich ist, daß sie also tatsächlich nicht gegen einen absoluten Raum definiert ist, in dem die Erde sich bewegt. Das würde bei Annahme eines Äthers bedeuten, daß der Äther sich vollständig mit der Erde mitbewegt, was wieder mit anderen Experimenten unvereinbar ist[2].

Das Michelson-Experiment bestätigt also die Maxwellsche Elektrodynamik darin, daß die Phasengeschwindigkeit c der elektromagnetischen Wellen im Vakuum eine universelle Konstante ist[3]. Die große Leistung Einsteins ist es, daß er diese „Konstanz der Lichtgeschwindigkeit" ernst nimmt und bis in scheinbar abwegige Konsequenzen durchdenkt. Denn überraschend sind die Folgerungen aus dieser scheinbar harmlosen Grundannahme schon; man muß ja eine Beschreibung finden, bei der z. B. *derselbe* Lichtblitz sich gegenüber einem fahrenden Zug mit derselben Geschwindigkeit bewegt wie gegenüber dem Bahndamm. Wenn man das verstehen will, muß man sich ganz neu überlegen, was überhaupt Geschwindigkeit bedeutet, was also die Längen und Zeiten bedeuten, die dabei eine Rolle spielen. Es zeigt sich unter anderem, daß der Begriff der *Gleichzeitigkeit* neu überdacht werden muß, wie man beim folgenden Beispiel leicht sieht (vgl. A. Einstein 1917): Betrachten wir einen fahrenden Eisenbahnzug, in dessen Mitte sich ein Licht-Blitz-Apparat L befindet, und an dessen beiden Enden, gleichweit von

[1] $c_0 = \sqrt{\varepsilon_0 \mu_0}$.
[2] Das wird sehr sorgfältig bei M. Born dargestellt; Vgl. A. Einstein (1917).
[3] Vgl. zu dieser Frage auch P. Mittelstaedt (1976).

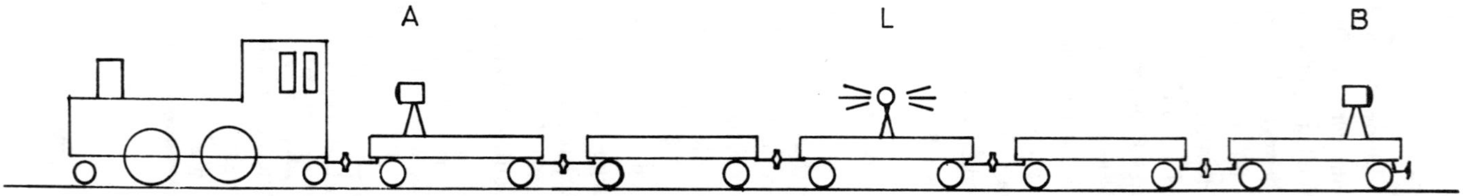

Abb. 1: Lichtblitzapparat im fahrenden Zug.

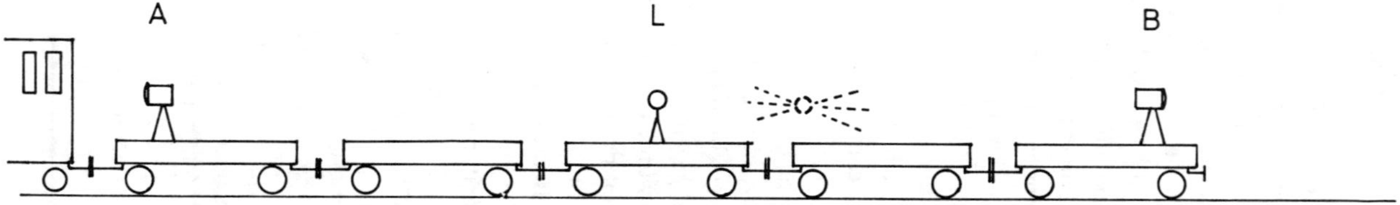

Abb. 2: Bis der Lichtblitz die Registriergeräte A, B erreicht, ist der Zug schon weiter.

dem Blitzapparat entfernt, zwei Registriergeräte für Lichtblitze, A und B, aufgebaut sind. Versetzen wir uns zunächst als Mitreisende in den Zug. Nach unserer Hypothese ist der fahrende Zug ein ebensogutes Bezugssystem wie andere auch, die Lichtgeschwindigkeit ist also im Zug von der Richtung unabhängig. Jeder Lichtblitz wird daher von den beiden gleichweit entfernten Geräten A und B *zugleich* registriert werden. — Betrachten wir nun dieselbe Anordnung, diesmal aber vom Bahndamm aus, neben dem vorbeifahrenden Zug. Für die Messung vom Bahndamm aus ist die Lichtgeschwindigkeit — das war unsere Hypothese — ebenfalls von der Richtung unabhängig. Während der Laufzeit des Lichtsignals bewegt sich aber der Zug weiter, so daß das Signal bis B nur eine kürzere Strecke zurückzulegen hat, als bis A; der Lichtblitz ist bei B *früher* zu sehen als bei A. Die beiden Ereignisse „Ankunft des Lichtsignals bei A" und „Ankunft des Lichtsignals bei B", die im Zug betrachtet gleichzeitig sind, sind vom „Bahndamm-System" aus gesehen nicht gleichzeitig.

2. Zeit-Dilatation und Lorentz-Kontraktion

Den Zeitunterschied im Bahndamm-System kann man leicht ausrechnen: Sei x' der Abstand zwischen A und B[4], v die Geschwindigkeit des Zugs, c die Lichtgeschwindigkeit und $t(x')$ der Zeitunterschied. Der Lichtweg x'_B bis zu B ist um die Strecke kürzer als der Abstand $x'/2$, um die der Zug in der Zeit τ_B weiterfährt, die das Licht für den Weg x'_B braucht; also

$$\frac{x'_B}{\tau_B} = c; \; x'_B = x'/2 - v \cdot \tau_B$$

und daher

$$\tau_B = x'/(2 \cdot (c + v));$$

entsprechend ist

$$\tau_A = x'/(2 \cdot (c - v)).$$

Der Zeitunterschied zwischen den beiden, im Zug gleichzeitigen Ereignissen ist also

$$t(x') = \tau_A - \tau_B = \frac{x' \cdot v}{c^2 - v^2}.$$

Dieser Zeitunterschied wäre im Fall eines wirklichen Zuges nicht zu bemerken: Sei z. B. $x = 100$ m und $v = 108$ km/h $= 30$ m/s; es ist $c = 3 \cdot 10^8$ m/sec, also $c^2 = 10^{17}$ m^2/sec^2. Dann ist

$$t = \frac{x \cdot v}{c^2 - v^2} \approx \frac{1}{c^2} \cdot x \cdot v \simeq 3 \cdot 10^{-14} \text{ sec.}$$

Der *Abstand* zweier Körper in einem System, in dem beide Körper ruhen, ist als das definiert, was mit einem Maßstab gemessen wird. Wollen wir

[4] Gemessen im Bahndamm-System, wie man jetzt dazusagen muß. Es wird unten gezeigt, daß die Länge im Zug-System eine andere ist.

einen Abstand von bewegten Körpern messen, dann müssen wir uns helfen, indem wir die Positionen der bewegten Körper in einem bestimmten Augenblick mit der Position von ruhenden Körpern vergleichen. Wie wir eben gesehen haben, hängt die Gleichzeitigkeit, d.h. der „bestimmte Augenblick", vom Bewegungszustand des Systems ab, in dem gemessen wird; also kann auch die gemessene Länge vom Bewegungszustand abhängen.

Nehmen wir an, jemand möchte vom fahrenden Zug aus auf der Schiene eine Strecke von der Länge x markieren. Er kann dazu eine Vorrichtung wie oben benutzen, bei der die Geräte A und B im Abstand x voneinander angebracht sind und je einen Hilfsapparat angebaut haben, der eine Marke auf der Schiene anbringt in dem Augenblick, in dem ein Lichtblitz das Gerät trifft. Vom Zug aus beschreibt man die Situation also so: Die beiden Marken werden *zugleich* von zwei Apparaten angebracht, die den Abstand x haben; die Marken haben also — definitionsgemäß — den Abstand x. An der Schiene selbst gemessen haben die Marken aber einen größeren Abstand als x; denn wie wir gesehen haben, werden im Bahndamm-System die Marken gar nicht gleichzeitig angebracht: Vom Bahndamm aus gesehen wird zuerst die hintere Marke (B) angebracht, und erst einige Zeit später die vordere, wenn der Zug schon weitergefahren ist. Der Abstand der Marken ist also in ihrem Ruhsystem größer als vom bewegten System aus gesehen; das ist die berühmte „Lorentz-Kontraktion".

Quantitativ läßt sich diese Lorentz-Kontraktion aus dem Beispiel berechnen: Sei x′ der Abstand der Geräte A und B, vom Bahndamm aus betrachtet wie vorher; und sei m der Abstand der beiden Marken auf dem Gleis. Dann ist (da die vordere Marke um die Zeit t(x′) später angebracht wird als die hintere, wenn der Zug schon die Strecke v·t (x′) weitergefahren ist):

$$m = x' + v \cdot t\,(x') = x' + \frac{x' \cdot v^2}{c^2 - v^2}$$

$$m = x' / (1 - (v/c)^2).$$

Nun ist die Beziehung zwischen dem Abstand x im Zug und der entsprechenden Länge x′ am Bahndamm dieselbe wie die zwischen dem Abstand m am Bahndamm und der entsprechenden Länge x im Zug: Jeweils wird der Abstand zwischen zwei zueinander ruhenden Objekten gemessen von einem System aus, das sich gegen sie mit der Geschwindigkeit v parallel zur Verbindungslinie bewegt (alle Relativbewegungen sind ja nach Voraussetzung gleichberechtigt). Die im bewegten System festgestellte Lorentzkontraktion sei eine Funktion L der „Ruhelänge"; dann gilt:

$$x' = L\,(x); \quad x = L\,(m)$$

Also

$$x' = L\,(L(m)) = m \;/\; (1 - (v/c)^2)$$

Wegen der Teilbarkeit der Längen[5] muß L linear sein, also

$$x' = \alpha \cdot x$$

und daher

$$x' = \alpha^2 \cdot m$$

d. h. $\alpha = \sqrt{1 - (v/c)^2}$ ist der Faktor der Lorentz-Kontraktion. Im obigen Beispiel, v = 108 km/h, wäre $\alpha = 1{,}5 \cdot 10^{-13}$.

Damit sind im Prinzip die Lorentz- (bzw. Poincaré-)Transformationen der speziellen Relativitätstheorie abgeleitet, denn es ist klar, daß das Ergebnis nicht an dem speziellen Versuch mit Zügen und Gleisen hängt. Die Argumentation läßt sich streng axiomatisch durchführen, darüber gibt es eine umfangreiche Literatur[6]; es zeigt sich, daß die Struktur des Arguments im wesentlichen die vorgeführte ist: Ausgangspunkt war die Existenz eines „Signals", das in jedem System dieselbe (endliche) Geschwindigkeit hat. Daraus folgt unmittelbar, daß es vom Bewegungszustand des Systems abhängt, welche Ereignisse gleichzeitig sind. Das ist der Kernpunkt der speziellen Relativitätstheorie und zugleich der Punkt, der am schwersten verständlich ist. — Aus der Relativität der Gleichzeitigkeit folgt die Lorentz-Kontraktion, wie oben angedeutet, und entsprechend der gesamte Formalismus der Speziellen Relativitätstheorie[7]. Insbesondere geht daraus hervor, daß die universelle Geschwindigkeitskonstante c, von der wir ausgegangen waren, die höchste Geschwindigkeit überhaupt ist. Wenn es also überhaupt eine universelle Geschwindigkeit gibt, dann gibt es nur eine, und sie ist Grenzgeschwindigkeit.

3. Trägheit der Energie

Ein weiteres Ergebnis der Speziellen Relativitätstheorie ist die *Trägheit der Energie* — wohlbekannt unter der Formel

$$E = m\,c^2,$$

[5] Denken wir uns x in zwei Hälften aufgeteilt: die Lorentz-kontrahierten Hälften müssen zusammen wieder das Lorentz-kontrahierte Ganze ergeben

$$x' = L\,(x) = 2'\,L\,(x/2);$$

oder allgemein, bei Teilung in n gleiche Teile:

$$L\,(x) = n \cdot L\,(x/n)$$

also:

$$L\,(x/u) = (1/u) \cdot L\,(x).$$

Entsprechendes gilt für die Zusammensetzung von Strecken, also: L ist linear (ohne konstanten Summanden).

[6] Vgl. z. B. P. Mittelstaedt.

[7] Hierzu gibt es gute Darstellungen, wie M. Born 1964, P. Mittelstaedt 1976.

welche die Gleichheit von Masse und Energie besagt, bis auf den konstanten Factor c^2 (der von den verwendeten Maß-Definitionen abhängt, etwa Meter und Sekunde; vgl. Kap. II). *Masse* ist das Maß für die *Trägheit* eines Körpers. Hat ein Körper große Masse, dann muß man eine Kraft länger auf ihn einwirken lassen, um ihn auf eine bestimmte Geschwindigkeit zu bringen, als es auf einen Körper mit geringer Masse notwendig wäre[8], oder man muß eine größere Kraft dieselbe Zeit wirken lassen. Man drückt das aus durch den *Impuls* p des Körpers, etwa beschreibbar als seine „Wucht", entsprechend der gesammelten Kraft, die für seine Beschleunigung aufgewandt worden ist. Der Impuls ist proportional der Masse und proportional der Geschwindigkeit

$$p = m \cdot v,$$

und — das ist das Interessante — der Gesamtimpuls ändert sich nicht bei Stößen zwischen Körpern, sie können sich ihre „Wucht" gegenseitig übertragen. Das Gesetz von der Trägheit der Energie besagt nun, daß ein Körper mit hoher Geschwindigkeit *mehr* Impuls hat, als nach dieser Geschwindigkeit und seiner (bei niedrigen Geschwindigkeiten ermittelten) Masse zu erwarten wäre.

Das kann man mit den oben gewonnenen Formeln ableiten. Wir müssen dazu berechnen, wie sich Geschwindigkeiten addieren; wegen der Lorentz-Kontraktion und der Zeit-Dilatation ergibt das relativ komplizierte Formeln. Betrachten wir dann inelastische Stöße von zwei Kugeln (z. B. aus Plastillin) in verschiedenen Inertialsystemen, und bedenken wir, daß der Impuls bei solchen Stößen erhalten bleibt, dann folgt[9], daß die Masse m von der Geschwindigkeit v abhängt,

$$m = m_o \,/\, \sqrt{1 - (v/c)^2} = m_o + \Delta m,$$

wobei m_0 die Masse des ruhenden Körpers („Ruhmasse") ist. Wie man leicht ausrechnet[10], läßt sich der Zuwachs der Masse, Δm, durch die kinetische Energie T ausdrücken als:

$$\Delta m = T / c^2.$$

Der Massenzuwachs bleibt derselbe, wenn die kinetische Energie beim Stoß in Wärme verwandelt wird; er hängt überhaupt nur vom Energie-Inhalt des Körpers ab:

$$c^2 \cdot \Delta m = \Delta E.$$

Aus der vollständigen Verwandlung massiver Teilchen in Bewegungsenergie und Strahlung, bzw. umgekehrt[11] ist die Formel sogar für die *Gesamtmasse*

[8] Vgl. IV 2.

[9] M. Born rechnet das sehr verständlich vor.

[10] Vgl. z. B. wieder M. Born.

[11] Vgl. Kap. II.

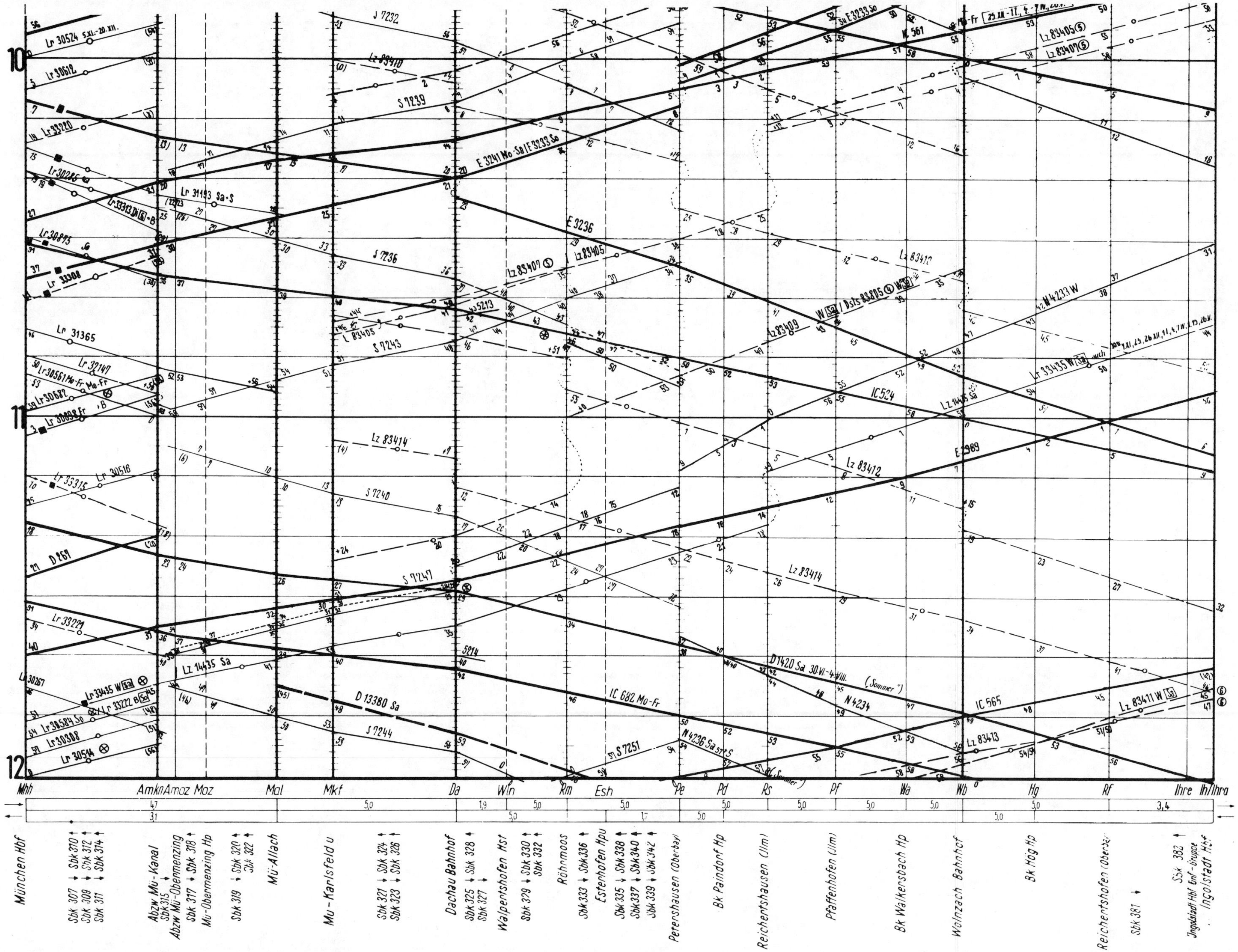

Abb. 3: Graphischer Fahrplan.

gut bestätigt, es gilt also ganz allgemein die Gleichheit (bis auf Maßfaktoren) von Masse und Energie:

$$E = m\,c^2.$$

4. Minkowski-Raum

Die Relativität der Gleichzeitigkeit zwingt uns, die Newtonschen Vorstellungen von Raum und Zeit zu revidieren. Es genügt dabei nicht, auf die Auszeichnung eines absoluten Raums zu verzichten und alle Inertial-Räume gleich zu behandeln. Wir müssen auf die Vorstellung eines Raums, der irgendwie vorhanden ist und sich in der Zeit ändert, überhaupt verzichten; Raum und Zeit lassen sich nicht in dieser Weise trennen. Im Raum verändert sich alles. Wenn ich den Raum beschreiben will, muß ich ihn zu einer bestimmten Zeit beschreiben; mit *dem Raum* meine ich also die Gesamtheit der Zustände an allen Orten zu einer Zeit, *gleichzeitig*. Da aber „gleichzeitig" nur für einen bestimmten Bewegungszustand einen Sinn hat, wäre auch „der Raum" vom Bewegungszustand des Beschreibenden abhängig. Einen einfach *vorhandenen* Raum, unabhängig von der Beschreibungsweise, gibt es nicht.

Betrachten wir zur näheren Erläuterung eine Art „graphischen Fahrplan" — der Eisenbahnbetrieb scheint sich besonders zur Illustration der Speziellen Relativitätstheorie zu eignen. (Abb. 3).

Waagrecht ist eine Raumdimension eingetragen, etwa die Streckenlänge entlang dem Bahngleis; senkrecht[12] ist die Uhrzeit. Die Bewegung eines Zugs von links nach rechts erscheint als Linie von links oben nach rechts unten. — Die Besonderheiten der Relativitätstheorie werden in dieser Darstellung nicht sichtbar, denn ein Lichtsignal braucht für die dargestellten 140 km ca. $5 \cdot 10^{-4}$ sec. Die Linie für ein Lichtsignal wäre also in dem graphischen Fahrplan auch bei feinster Zeichnung nicht von einer waagrechten Linie zu unterscheiden, das Signal käme praktisch in demselben Augenblick an, in dem es abgeschickt ist.

Um die relativistischen Effekte sichtbar zu machen, ändern wir die Maßstäbe so, daß die Linie eines Lichtsignals unter 45° erscheint; dann erscheint die Linie eines Eisenbahnzugs praktisch senkrecht (Abb. 4).

Was bedeutet irgendeine Stelle auf der Zeichnung Abb. 3 oder Abb. 4 (d. h. ein Punkt im Koordinatensystem von x und t)? Sie hat als Koordinaten einen Ort auf einer Strecke und eine Uhrzeit, sie bezeichnet also ein mög-

[12] Beim Eisenbahnbetrieb von oben nach unten, in der Physik üblicherweise von unten nach oben.

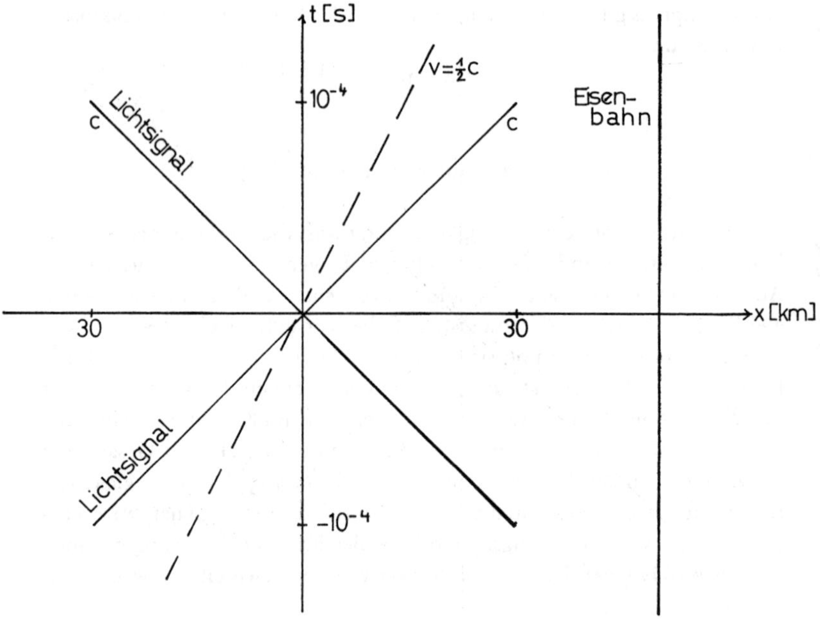

Abb. 4: Graphischer Fahrplan, Zeitachse gedehnt gezeichnet.

liches *Ereignis* in einem eindimensionalen Raum (z. B. auf einer Bahnstrecke). Die senkrechte Achse („t") bezeichnet einen Raumpunkt, der in dem hier dargestellten System in Ruhe ist, er hat immer die Ortskoordinate 0. Die waagrechte Achse bezeichnet den Raum aller — im dargestellten System — gleichzeitigen Ereignisse zur Zeit 0. Die Bewegung irgendeines Gegenstandes auf der Bahnstrecke erscheint also in der Zeichnung als eine Linie, seine „Weltlinie".

Betrachten wir nun ein System, das sich gegen das eben betrachtete mit der halben Lichtgeschwindigkeit, $v = 1/2 \cdot c$, bewegt. Dessen Raumnullpunkt — so definieren wir — fällt zur Zeit Null mit dem eben betrachteten zusammen; seine „Weltlinie" ist in dem obigen Koordinatensystem gestrichelt eingezeichnet.

In dem bewegten System sind nun *andere* Ereignisse gleichzeitig mit dem Ereignis, daß die Nullpunkte der beiden Systeme zusammenfallen. Wir haben oben gesehen, daß von den beiden im Zug gleichzeitigen Ereignissen das „hintere" (B) am Bahndamm früher war, das „vordere" (A) am Bahndamm später. Wir zeichnen in Abb. 5 eine Gesamtheit von gleichzeitigen Ereignissen (dick gestrichelt) ein. Im gegen das erste bewegten System ist das der Raum gleichzeitiger Ereignisse zur Zeit 0.

Wir sehen hier noch einmal: Man kann gar nicht von *dem* Raum zur Zeit t

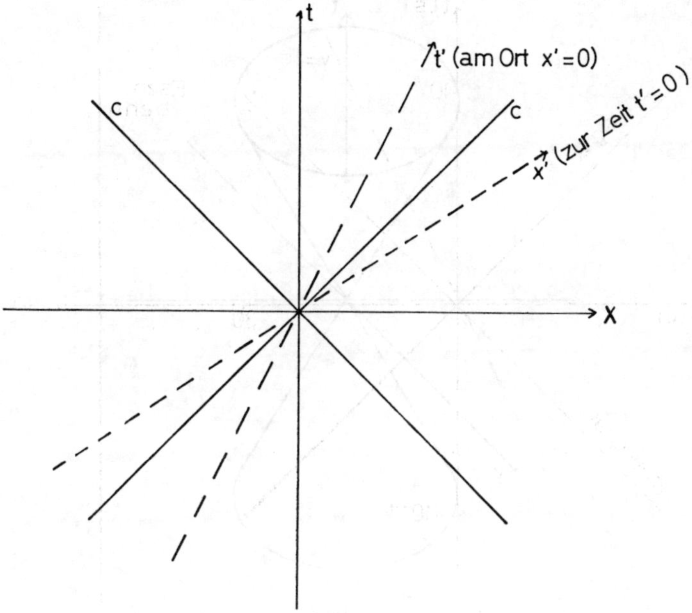

Abb. 5: Gleichzeitige Ereignisse in einem bewegten System.

sprechen, sondern es gibt eine Gesamtheit von Raum-Zeit-Ereignissen, in der man auf *verschiedene* Weise Ereignisse als „ein Ort zu verschiedenen Zeiten", oder eine andere Sammlung von Ereignissen, als „der Raum zu einer Zeit" auszeichnen kann.

Was wir hier für *eine* Raumdimension (das „Bahngleis") vorgeführt haben, läßt sich ganz entsprechend auch für drei Raumdimensionen einführen: Man betrachtet einen abstrakten vierdimensionalen Raum mit einer Zeit- und drei Raumdimensionen, den „Minkowski-Raum". — Die beiden zur Bewegungsrichtung senkrechten Raumrichtungen des dreidimensionalen Raums sind für unsere Erörterung relativ uninteressant, da in ihnen die gleichzeitigen Ereignisse dieselben bleiben.

Hermann Minkowski, der sich um die Durchdringung des relativistischen Formalismus große Verdienste erworben hat, prägte die klassisch gewordene Formulierung[13]: „Von Stund an sollen Raum für sich und Zeit für sich völlig zu Schatten herabsinken und nur noch eine Art Union der beiden soll Selbständigkeit bewahren." Natürlich ist das stilisiert, und das Hübsche an Minkowskis Formulierung ist, daß sie selbst dieser Stilisierung widerspricht:

[13] H. Minkowski 1908.

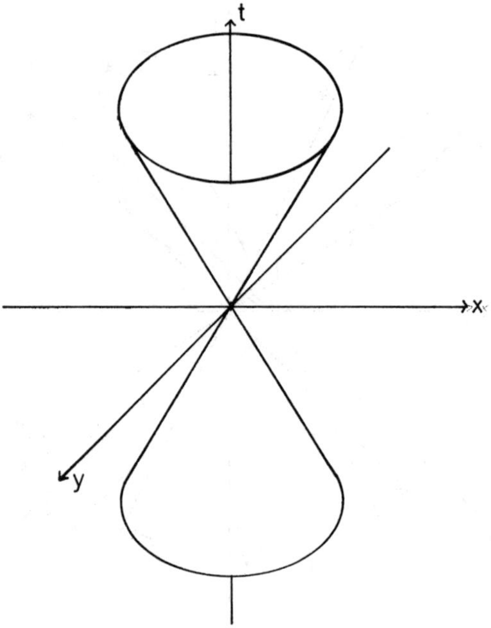

Abb. 6: „Lichtkegel“ zum zweidimensionalen Raum.

„Von Stund an...“ zeichnet natürlich die Zeit vor dem Raum aus — wie sollte es anders sein. Wir sehen darin eine Grundstruktur der Physik, die uns noch weiter beschäftigen wird: Im Zusammenhang unserer täglichen Erfahrung weicht die neue Theorie nur unmerklich von der alten ab, die alte Theorie bleibt praktisch richtig. Im Beispiel unseres realistischen graphischen Fahrplans konnten wir einen absolut festgelegten Raum, und davon getrennt eine an sich ablaufende Zeit unterstellen, denn die vorkommenden Geschwindigkeiten sind jedenfalls klein gegen die Lichtgeschwindigkeit. Die neue Theorie gilt in einem weiteren Bereich als die alte, aber die alte stimmt für ihren Geltungsbereich, nahe an der alltäglichen Erfahrung, in guter Näherung mit der neuen überein[14].

Wir können an unserem gedehnten „graphischen Fahrplan“ (Abb. 4,5) ablesen, inwiefern sich die Zeit prinzipiell vom Raum unterscheidet: Die Geraden unter 45° gehören zu den beiden Lichtblitzen, die den Ort 0 passieren. Bei zwei Raumdimensionen bilden die möglichen Lichtblitze zur Zeit 0 durch den Ursprung (0,0) einen Kegelmantel in der dreidimensionalen Raum-

[14] Daß auch die „exakte Naturwissenschaft“ prinzipiell nicht wirklich exakt sein kann, wird uns in VII 1 beschäftigen.

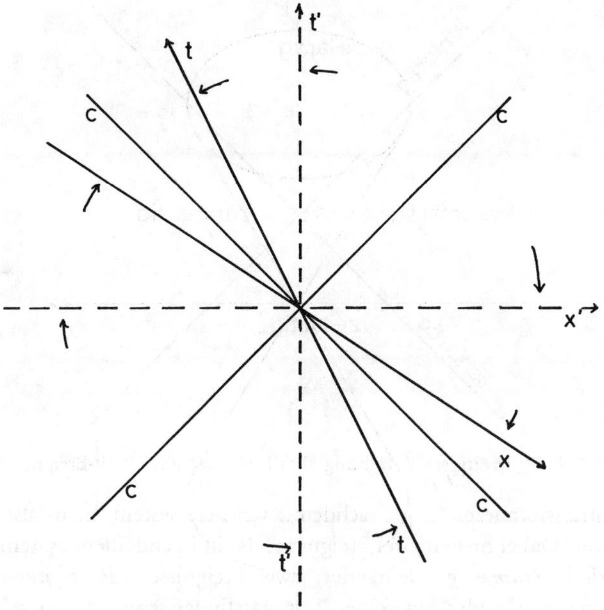

Abb. 7: Das „gestrichelte" Koordinatensystem als ruhend betrachtet.

zeit (Abb. 6), den *Lichtkegel;* bei drei Raumdimensionen, im Minkowski-Raum, bilden die möglichen Lichtblitze durch den Ursprung (0,0,0) zur Zeit 0 eine — ebenfalls „Lichtkegel" genannte — dreidimensionale Mannigfaltigkeit. Dieser Lichtkegel hat in allen Systemen dieselbe Steigung, gegeben durch die universelle Konstante c. Dagegen ist die „Weltlinie" eines ruhenden Objekts natürlich je nach dem Bewegungszustand des Systems, in dem es ruht, eine andere Gerade, und je nach System ist entsprechend der Raum der gleichzeitigen Ereignisse, etwa zur Zeit $t = 0$, verschieden — vgl. die gestrichelten Geraden in Abb. 5. Zeichnen wir nun *dieselben* Ereignisse in demjenigen System, in dem das „gestrichelte" Objekt ruht, das also mit halber Lichtgeschwindigkeit gegen das System von Abb. 5 bewegt wird! Dann wird die „Weltlinie" des neuen ruhenden Systems senkrecht, die Linie nun gleichzeitiger Ereignisse (zur Zeit 0) waagrecht. Wir benutzen also ein neues Koordinatensystem (vom „Zug" aus gesehen, in unserem Beispiel); alle Ereignisse außer denen auf dem Lichtkegel bekommen einen neuen Ort im Diagramm (Abb. 7).

Die Koordinatenachsen des vorher als ruhend betrachteten Systems werden jetzt schräg; sie gehören zu einem mit der entgegengesetzt gleichen Geschwindigkeit bewegten System.

Auf diese Weise kann man alle Ereignisse auf ihrer Seite des Lichtkegels

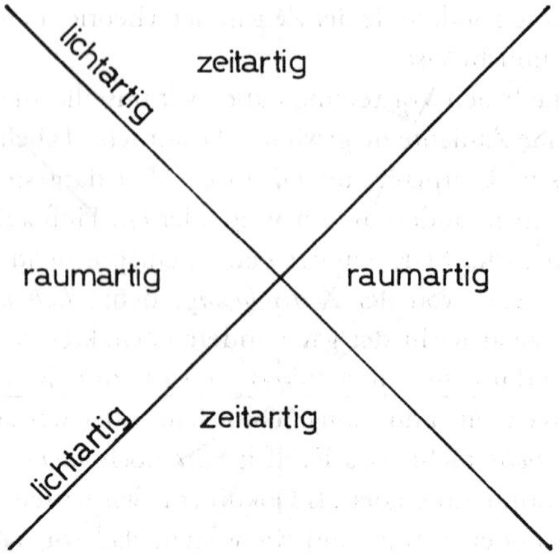

Abb. 8: Invariante Beziehung aller Ereignisse zum Null-Ereignis.

„herumtransformieren", je nachdem, welches System man als ruhend betrachtet. Dabei heißen zwei Ereignisse, die in irgendeinem System gleichzeitig sind, *raumartig* zueinander; zwei Ereignisse, die in irgendeinem System hintereinander am selben Ort stattfinden können, *zeitartig*; und zwei Ereignisse, die hintereinander mit demselben Lichtblitz zugleich sein könnten, heißen *lichtartig* zueinander. Abb. 8 zeigt dieses Verhältnis aller Ereignisse zum Nullpunkt-Ereignis (am Ort 0 zur Zeit 0).

Die drei Charakterisierungen schließen einander aus; Ereignisse, die in einem System zugleich sein können, können in *keinem* System nacheinander am selben Ort sein, etc. Diejenigen Ereignisse, die *jetzt* von *hier* aus raumartig sind, können also jetzt hier keinen Einfluß haben und auch jetzt von hier aus nicht beeinflußt werden; in diesem Sinn kann man also alle jetzt von hier aus raumartigen Ereignisse als jetzt zugleich auffassen. Das würde auch dem gewohnten Gefühl entsprechen, daß Gleichzeitigkeit absolut definiert ist, unabhängig vom Bewegungszustand. Andererseits enthält es die wohl ungewohnte Vorstellung, daß in weiter Entfernung eine längere Zeit zugleich mit einem Augenblick hier sein kann, bei fernen Sternsystemen Millionen von Jahren — bei irdischen Entfernungen allerdings höchstens Sekundenbruchteile.

Die zu einem Ereignis raumartigen anderen Ereignisse hängen alle kontinuierlich zusammen (bei mehr als einer Raumdimension), die zeitartigen dagegen sind zum Teil zukünftige („Vorwärtslichtkegel"), zum Teil vergangene („Rückwärtslichtkegel"). Auch diese Unterscheidung ist invariant gegen kontinuierliche Lorentz-Transformationen und teilt die zeitartigen Ereignisse (bezogen auf ein festes Ereignis) eindeutig und vollständig in zwei Klassen auf. Dies zeigt eine Sonderrolle der Zeit in der Theorie, in der sonst die Zeit allzusehr „verräumlicht“ ist[15].

In unserer alltäglichen Vorstellung haben wir uns alle an eine Darstellung der Zeit durch eine Zahlenreihe gewöhnt. Historische Tabellen, Wirtschaftsstatistik, graphische Fahrpläne: überall ist die Zeit dargestellt als eine Linie auf dem Papier, nicht anders als ein Weg oder ein Fluß auf der Landkarte; unsere Vorstellung und Rede von der Zeit ist entsprechend: Wir reden vom *Durchlaufen der Zeit*, von der *Zeitrichtung*, dem *Fließen* der Zeit, dem *Zeitpfeil*. Dabei gerät leicht der ganz andere Charakter der Zeit in Vergessenheit. Denn wirklich ist nur das, was *jetzt* ist; nur das Gegenwärtige *ist* überhaupt — sagen wir: grün, angenehm, laut, oder was auch immer. Das Vergangene *ist nicht* mehr, das Künftige *ist* noch *nicht*. Vergangenes ist gegenwärtig als Erinnerung oder als Dokument, wir wissen oder glauben zu wissen, daß es so oder so war, und wir wissen, daß wir daran nichts mehr ändern können. Zukünftiges ist gegenwärtig als Gegenstand unserer Hoffnung oder Befürchtung, unserer Prognosen, auch unseres Planens und Wollens. Niemand weiß, was sein wird, aber vielleicht habe ich Einfluß darauf. Hier ist nicht der Ort für eine Einführung in die Philosophie der Zeit[16]. Aber es muß klar sein, daß die Raum-Zeit-Diagramme in der Art unserer Figuren ein recht beschränktes Bild von Zeit geben.

Gerade die Geometrie des Minkowski-Raums ist für unsere Vorstellung sehr verführerisch, denn es gehört zu ihren Grundlagen, wie wir gesehen haben, daß sich Raum und Zeit nicht in der klassischen Weise trennen lassen. In der Raum-Zeit-Geometrie des Minkowski-Raums sind — paradox — *alle Zeiten zugleich gegenwärtig*. Man muß aber sehen, daß auch in dieser Darstellung die Struktur von Gegenwart, Zukunft und Vergangenheit ihren Platz hat — die Theorie würde nichts taugen, wenn das nicht so wäre. Ich kann den „Vorwärtslichtkegel“ von hier und jetzt als eine Darstellung meiner möglichen Zukunft auffassen: Jedes Ereignis, das mit Koordinaten aus dem Vorwärtslichtkegel richtig bezeichnet werden wird, kann ich im Prinzip erleben (jedenfalls soweit die Spezielle Relativitätstheorie maßgeblich ist), ich kann diese Ereignisse im Prinzip alle beeinflussen. Entsprechend bilden die Ereignisse, die im „Rückwärtslichtkegel“ dargestellt werden, meine Vergangenheit: ich kann im Prinzip von jedem dieser Ereignisse wissen, sie können mich alle beeinflußt haben. — Zu den gewohnten Zeitmodi kommt aber jetzt noch der Modus der Raumartigkeit hinzu, der in unserer „Umgangswelt“ keine Rolle spielt: Die zu mir jetzt raumartigen Ereignisse sind weder vergangen, denn ich kann prinzipiell keine Kenntnis oder Wirkung

[15] Henri Bergson.
[16] G. Picht.

von ihnen haben, noch künftig, denn ich kann sie prinzipiell nicht beeinflussen und werde sie nicht erleben. Diese Ereignisse sind aber auch nicht eigentlich gegenwärtig. Denn gegenwärtig, phänomenal, ist mir jetzt nur der Text, den ich schreibe; wenn ich innehalte, ist mir mein Schreibtisch gegenwärtig, oder die Geräusche von draußen — eigentlich, wenn ich es mir überlege, ist diese Gegenwart schon wieder vergangen und gegenwärtig ist mir nur die Überlegung, was gegenwärtig ist. Jedenfalls sind mir sicher nicht raumartige Ereignisse gegenwärtig, von denen ich prinzipiell jetzt nichts wissen kann, die — wie wir gesehen haben — in gewissen Sinne jetzt gleichzeitig stattfinden.

Jedes zu mir jetzt raumartige Ereignis wird aber einmal zu meiner Vergangenheit gehören, und es war einmal in meiner (möglichen) Zukunft. Raumartigkeit ist also ein Übergang von Zukunft zu Vergangenheit. Die (jetzt noch nicht faktischen) Ereignisse des „Vorwärtslichtkegels" habe ich *mögliche* Zukunft genannt (eigentlich ein Pleonasmus, denn das Künftige ist gerade dadurch gekennzeichnet, daß es möglich ist), weil sie nicht alle für mich Gegenwart im strengen Sinn zu werden brauchen, und doch eines Tages faktisch sein können, zur Vergangenheit gehören, d. h. zu den Ereignissen, die dann in meinem „Rückwärtslichtkegel" liegen.

Es ist interessant, daß solche Überlegungen — nämlich wie die *Zeit* mit der Koordinate t im Minkowskiraum zusammenhängt — kürzlich in ganz formalen Analysen der mathematischen Physik aufgetaucht sind. Versuche, die sehr erfolgreichen mathematischen Methoden der klassischen (analytischen) Mechanik auch auf die relativistische Mechanik anzuwenden, haben dazu geführt, daß *zwei* Parameter für die Zeit verwendet werden: Außer der Koordinate t im Minkowskiraum, die wie üblich den Lorentztransformationen unterliegt, gibt es einen weiteren Parameter τ, der den „Ablauf" der Ereignisse beschreibt, und der dem Minkowski-Raum äußerlich ist. Zunächst ist das vor allem ein formaler Trick, seine Interpretation ist bisher offen und scheint schwierig. Aber der Versuch zeigt eine neue Seite des Minkowski-Raums, die einer besseren Auffassung von Zeit Raum geben könnte.

5. Poincaré-Symmetrie

Die Spezielle Relativitätstheorie ist so erfolgreich, daß es heute keine ernsthaften Zweifel mehr an ihrer prinzipiellen Wahrheit gibt. Vielmehr ist die Vereinbarkeit mit der Speziellen Relativitätstheorie zu einem Kriterium für die Anerkennung aller neu aufgestellten Theorien geworden.

Das Kriterium lautet genauer, daß eine neue Theorie invariant unter Poincaré-Transformationen sein soll. Was heißt das? Da derartige Symmetriebetrachtungen in der modernen Physik eine überragende Rolle spielen, will ich darauf etwas näher eingehen:

Symmetrie eines Gegenstandes bedeutet im engsten umgangssprachlichen Sinn, daß man den Gegenstand so auseinandergeschnitten denken kann, daß zwei spiegelbildlich gleiche Hälften entstehen. Eine solche Symmetrie kann man auch ausdrücken als *Invarianz* des symmetrischen Gebildes gegen eine Gruppe von Transformationen: Eine symmetrische Raumform wird wieder in dieselbe Raumform übergeführt durch eine *Spiegelung an der Symmetrieebene*[17]. In etwas weiterem Sinn spricht man z.B. von einem Würfel als von einer sehr symmetrischen Figur: Der Würfel kann in sich transformiert werden durch Spiegelung an vielen Ebenen durch den Mittelpunkt, außerdem durch Drehung um Vielfache von 90°, 120° oder 180° um entsprechende Achsen, und durch *Inversion* am Mittelpunkt[18]. Allgemein nennt man Symmetrie die Invarianz unter irgendeiner Gruppe[19] von Transformationen — je nach Transformationsgruppe sind das natürlich verschiedene Symmetrien.[20]

Wir betrachten hier nicht die Symmetrie einer Raumform, sondern die Symmetrie einer *Theorie*. Damit ist, analog zum umgangssprachlichen Wortgebrauch, die Invarianz der Theorie gegen eine Gruppe von Transformationen gemeint. Speziell eine physikalische Theorie ist eine Vorschrift, nach der man bestimmte Größen als Funktionen der Zeit ermittelt — z.B. den Ort eines Planeten in seinem zeitlichen Ablauf —; wir werden darauf noch ausführlich eingehen (Kap. VII). Gewöhnlich enthält die physikalische Theorie ein Gleichungssystem, dessen Lösungen die gesuchten Zeit-

[17] *Spiegelung* an einer Ebene E heißt die Transformation, welche einen Punkt X überführt in den Punkt X', der auf der Geraden durch X senkrecht zu E liegt, und der auf der anderen Seite von E denselben Abstand von E hat wie X — so wie Gebilde, die wir im ebenen Spiegel sehen.

[18] *Inversion* (Spiegelung) an einem Punkt P heißt die Transformation ...: dieselbe Definition wie bei 1), nur „Punkt P" statt „Ebene E", und „und durch Punkt P" statt „senkrecht zu E".

[19] Man betrachtet i.a. *Gruppen* (im mathematischen Sinn) von Transformationen. D.h. mit jeder Transformation T betrachtet man auch ihr Inverses, d.h. diejenige Transformation, die (nach der Ausführung von T) den alten Zustand wiederherstellen würde — es werden überhaupt nur Transformationen betrachtet, zu denen es inverse gibt. Außerdem betrachtet man mit zwei Transformationen (A und B) immer auch diejenigen weiteren, die aus dem Hintereinanderausführen dieser beiden bestehen (geschrieben AB und BA), und schließlich, zur Vereinfachung der Sprechweise, die „Identitätstransformation", die gar nichts ändert — eine typische, sehr fruchtbare Bequemlichkeit der Mathematiker, ähnlich wie z.B. die Addition der 0 oder Multiplikation mit 1.

[20] Vgl. A. V. Shubnikov, H. Weyl.

Funktionen enthalten; unter ihnen muß dann nach den Anfangsbedingungen und Randbedingungen des gestellten Problems die richtige ausgewählt werden. Invarianz einer solchen Theorie gegen eine Transformationsgruppe bedeutet nun, daß die Gesamtheit der Lösungen nicht verändert wird durch die Transformationen; d. h. eine Lösungsfunktion wird durch jede Transformation (aus der Gruppe) in eine Funktion transformiert, die wieder Lösung der Gleichung ist. Gewöhnlich kann man die Invarianz der Theorie schon an der Gleichung ablesen: sie bleibt i. a. bei der Symmetrie-Transformation unverändert. — Allerdings bedarf es oft komplizierter Überlegungen, wie die Transformationen auf die Symbole in der Gleichung wirken; das wird ausführlich in den entsprechenden Lehrbüchern abgehandelt.

Speziell die Poincaré-Gruppe von Transformationen wirkt auf Funktionen der Raum- und Zeit-Koordinaten. Und zwar wirken die Transformationen zunächst auf die Koordinaten selbst: sie ordnen den Koordinaten eines Ereignisses neue Koordinaten zu. Dafür gibt es zwei mögliche physikalische Interpretationen: Die „passive" Interpretation sieht die Transformation als Beschreibung der gleichen wirklichen Ereignisse in einem neuen Koordinatensystem, so wie wir es an den Beispielen vom „Zug" und „Bahndamm" gezeigt haben (vgl. Abb. 5); die „aktive" Interpretation sieht in der Transformation eine Verschiebung der wirklichen Ereignisse an andere Orte und zu anderen Zeiten[21]. Bei einer rein formalistischen Sicht macht das keinen Unterschied; beschreiben wir die Transformation (sie heiße V) neutral: sie ordnet den Koordinaten (x_0, t_0) eines Ereignisses (Urbild) neue Koordinaten (x_0', t_0') („Bild") zu. Diese neuen Koordinaten bezeichnet man auch mit $(x_0', t_0') = V(x_0, t)$; und entsprechend bezeichnet man die umgekehrte Transformation (von Bild zu Urbild) mit V^{-1}:

$$(x_0, t_0) = V^{-1}(x_0', t_0').$$

Nehmen wir nun eine beliebige Funktion der möglichen Ereignis-Koordinaten, $F(x, t)$. Die Transformation der Koordinaten kann man zur Definition einer neuen Funktion benützen, indem man die Funktionswerte mit den Koordinatenwerten „mitnimmt": Die neue Funktion hat an einem Bildpunkt (x, t)[22] den Wert, den die ursprüngliche Funktion am Urbild-Punkt $V^{-1}(x, t)$ hatte. Die neue Funktion F' läßt sich also schreiben (als Funktion der allgemeinen Koordinaten x, t)

$$F'(x,t) = F(V^{-1}(x,t)).$$

Jede physikalische Theorie muß in diesem Sinn die Poincaré-Symmetrie haben. Das heißt, eine Lösung der Theorie zu bestimmten Rand- (oder

[21] Vgl. Abb. 7. Genau genommen haben wir Abb. 7 eingeführt als Ergebnis einer *passiven* Transformation, bei der die *Zeichnung* so verändert wird, daß die neuen Koordinatenachsen die übliche Figur ergeben; das Ergebnis einer *aktiven* Transformation würde man aber genauso zeichnen.

[22] Wir schreiben hier nicht (x', t'), denn wir betrachten einen *beliebigen* Punkt, dessen Koordinaten wir beliebig bezeichnen können.

Anfangs-)Bedingungen wird durch eine Verschiebung oder Drehung oder durch den Übergang zu einem bewegten System — kurz, durch eine Poincaré-Transformation — zu einer anderen Lösung derselben Theorie, die zu den entsprechend transformierten Randbedingungen paßt. Das ist die mathematische Formulierung der Forderung, daß man denselben Vorgang in verschiedenen Inertialsystemen gleich gut beschreiben können muß.

Was lernen wir aus diesen Betrachtungen für unsere Vorstellung von Raum und Zeit? Anders, als man es sich nach den Newtonschen Definitionen des absoluten Raums und der absoluten Zeit vorstellen konnte, sind Raum und Zeit nicht die „fertige Mietskaserne", in die Körper und Ereignisse nur einzuziehen brauchen. Das Primäre sind die Dinge, zwischen denen ein *Abstand* definiert wird (zunächst nur, wenn sie ruhen), und die Ereignisse *hier*, zwischen denen — von einem Ereignis bis zum nächsten — *Zeit vergeht*. Alles weitere, sowohl der Newtonsche Raum und die Newtonsche Zeit, wie auch die Minkowskische Raum-Zeit, sind vereinheitlichende Beschreibungen, die es ermöglichen, sofern allgemeine Gesetze gelten, die Gesetze allgemein auszudrücken: Beiden gemeinsam ist die Invarianz der Gesetze gegen räumliche Drehungen und Verschiebungen, also die Abhängigkeit der Gesetze *nur* von den Abständen und der inzwischen vergangenen Zeit; das nennt man, wenn man Raum und Zeit schon als gegeben betrachtet, die *Isotropie* des Raums und die *Homogenität* von Raum und Zeit. — Daneben zeigt sich, daß in allen *Inertialsystemen* dieselben Naturgesetze gelten und daß in allen Inertialsystemen die Lichtgeschwindigkeit denselben Wert hat. Dieses letztere erst zeichnet die Minkowski-Welt vor der Newtonschen Auffassung aus, mit Zeitdilatation, Lorentz-Kontraktion und Relativität der Gleichzeitigkeit, die wir oben begründet haben.

Eine weitere Modifikation der Vorstellungen von Raum und Zeit enthält die „Allgemeine Relativitätstheorie", auf die wir im nächsten Kapitel kommen. Eine prinzipielle Analyse der Begriffe Zeit und Raum wird bei der Behandlung der Quantenmechanik notwendig werden.

IV. GEOMETRISIERUNG DER SCHWERKRAFT

1. Geometrie

Die Geometrie ist von der Zeit des Euklid bis zum Beginn der modernen Mathematik im 17. Jahrhundert das Muster der mathematischen strengen Wissenschaft gewesen: Pascal nennt den Mann des scharfen Verstandes «géomètre»; und ein Beweis ist nur dann wirklich schlagend, wenn er «more geometrico» geführt wird, nach Art der geometrischen Beweise.

Der Beweis in einem deduktiven System ist die große Erfindung der griechischen Mathematik. Den Babyloniern und Ägyptern waren zwar viele „geometrische Tatsachen" bekannt, z.B. der Satz des Pythagoras; aber solche Sätze galten als praktische Regeln für Handwerker oder Bauern. Jede dieser Regeln stand für sich im Zusammenhang mit anderen Regeln eines Handwerks: Man wußte eben, wie man es machen muß, wenn man einen rechten Winkel für ein Haus abstecken oder — in einer ganz anderen Situation — nach der Nilflut die alten Grenzen wieder herstellen will. — Verglichen damit ist der *Beweis* eine große Entdeckung. Versuchen wir, das in bewußter Naivität nachzuvollziehen: Bei einem geometrischen Satz braucht man sich nicht mit dem tradierten Wissen, wie man etwas macht, zu begnügen, sondern man kann sich *vergewissern*, daß es so richtig ist, wie man etwas macht; ich kann jedem Gesprächspartner über allen Zweifel gewiß machen, daß es nicht anders sein *kann*. — In dieser Weise ist ein System entstanden, die Geometrie, durch die jede der vorher nur tradierten Regeln als *wahr* erwiesen werden kann. Die Wahrheit „beruht" natürlich auf irgend etwas, wie wir in der uns tradierten deduktiven Denkweise gleich feststellen. Wiederum in bewußter Naivität könnte man sagen: Wohl nicht *jedem* kann ich die Gewißheit verschaffen, daß eine geometrische Tatsache nicht anders sein kann, sondern nur jemandem, mit dem ich mich verständigen kann und der Selbstverständlichkeiten zu akzeptieren bereit ist, wie z.B., daß man mit einem Zeichen immer *denselben* Punkt meint, daß ein Dreieck nicht vier Ecken hat, oder daß es durch zwei Punkte immer eine Gerade gibt. — Die drei Beispiele sind so gewählt, daß sie die drei Bereiche berühren, die von uns heute als Voraussetzungen einer Deduktion identifiziert werden: Das letzte gehört zu den geometrischen Axiomen, wie sie etwa Euklid nennt (Durch zwei Punkte geht immer eine Gerade), das zweite zu den Regeln der Logik (Ein Dreieck hat nicht vier Ecken); das erste deutet etwas an, das man mit P. Lorenzen „Protologik“ nennen könnte, oder mit C. F. v. Weizsäcker „Logik zeitlicher Aussagen“ (Mit einem Zeichen wird immer derselbe Punkt bezeichnet): Das sind diejenigen Bedingungen, die erfüllt sein müssen, damit überhaupt das Beweisen möglich ist; z. B. muß das Wiedererkennen von Zeichen, das Einsetzen von Zeichen für andere oder sprachliche Verständigung möglich sein.

Die *Axiomatik*, z. B. in Euklids Elementen, nimmt von diesen Voraussetzungen einen Teil, der sich nicht auf *jede* Deduktion bezieht, sondern nur auf einen Bereich von Sätzen (hier die Geometrie), und formuliert diese speziellen Voraussetzungen als Axiome (bzw. „Postulate“), aus denen alle übrigen Sätze durch Deduktion folgen. Für die Mathematik abstrahiert Hilbert dann, folgerichtig, von der Frage, ob die Sätze *wahr* sind: Durch die Sätze (Axiome oder Theoreme) werden gewisse Begriffe miteinander verbunden — in der Geometrie etwa die Begriffe Punkt, Gerade, Ebene —, die schon vorher eine mehr oder minder präzise Bedeutung haben. Von dieser schon vorher verstandenen Bedeutung soll aber, um der Reinheit der Argumentation willen, abgesehen werden: Für den Beweis eines Satzes soll *nur* dasjenige verwendet werden, das ausdrücklich in den Axiomen aufgeführt ist, unabhängig davon, wie sonst die auftretenden Begriffe definiert sein mögen. Hilbert sagt dazu drastisch, die Begriffe der Geometrie brauchten nicht Punkt, Gerade und Ebene zu heißen, sondern auch wenn sie z. B. Liebe, Gesetz und Schornsteinfeger hießen, wäre die Mathematik genau dieselbe. Was die — beliebig benannten — Begriffe *für die Theorie* bedeuten, steht in den Axiomen; die Begriffe sind durch die Axiome „implizit definiert“[1].

Diese moderne Auffassung von Axiomatik betrifft die Struktur einer *mathematischen* Theorie. In einer *physikalischen* Theorie kommt zum mathematischen Formalismus die *Interpretation* der Begriffe durch Meßvorschriften. Betrachten wir als Beispiel die euklidische Geometrie: Sie ist eine *physikalische* Theorie erst dann, wenn angegeben wird, was ihre Begriffe *Punkt, Gerade, Ebene, schneiden, aufspannen* etc. physikalisch bedeuten sollen. Man könnte z. B. versuchen, Geraden durch gespannte Stricke oder durch Geschoßbahnen zu realisieren; wie gut sich die Axiome damit erfüllen lassen, hängt davon ab, wie stark die Stricke gespannt werden bzw. welche Art von Geschossen man verwendet. Sehr gut werden, erfahrungsgemäß, die Axiome der euklidischen Geometrie erfüllt, wenn man Lichtstrahlen im

[1] Genauer müßte man definieren (vgl. W. Stegmüller 1969): Die gesamte Theorie hat logisch die Form einer Implikation; in der Prämisse stehen alle Axiome, im Folgesatz alle Theoreme. Die („implizit definierten“) mathematischen Objekte sind, logisch gesehen, gebundene Variable innerhalb dieser Implikation, die, wie die Logik lehrt, beliebig benannt werden können.

Vakuum als Geraden auffaßt. Aber auch diese „Realisierung" der euklidischen Geometrie gilt nur bis zu einer gewissen Näherung: Gemäß der Allgemeinen Relativitätstheorie ist eine Geometrie, in der Geraden die Eigenschaften von wirklichen Lichtstrahlen haben, nicht im strengen Sinne euklidisch, d.h. sie genügt anderen Axiomen als den euklidischen. Manche Eigenschaften dieser Theorie lassen sich andererseits auch dadurch beschreiben, daß man von *gekrümmten* Lichtstrahlen spricht, also Lichtstrahlen *nicht* mit Geraden identifiziert. Etwas genauer könnte man sagen: Betrachten wir eine abstrakte euklidische Geometrie und ordnen wir in geeigneter Weise reale Punkte — z.B. Planetenörter oder, im kleinen, Ablesemarken, Fadenkreuze etc. — bestimmten Punkten dieser euklidischen Geometrie zu[2]; nehmen wir vorläufig an, das sei möglich. Dann werden in dieser Beschreibung Lichtstrahlen nicht immer gerade sein, so wie vorhin in der „Lichtstrahlengeometrie" Stricke und Geschoßbahnen gekrümmt waren. — Es hat viel Streit darüber gegeben, ob eine solche Beschreibung möglich ist, und es gibt dazu eine ganze Skala von Meinungen. An dem einen Ende dieser Skala steht Einstein, der wegen des Äquivalenzprinzips (s.u.) *voraussetzt*, daß Geraden der Geometrie durch Lichtstrahlen realisiert werden, und damit eine nichteuklidische Geometrie erhalten *muß*; am anderen Ende der Skala steht Lorenzen, in der Nachfolge von Dingler, der als a priori erwiesen ansieht, daß Geometrie nur euklidisch sein *kann*.

Lorenzen argumentiert wie folgt: Alle Natur ist uns in der Physik nur durch Meßinstrumente zu erschließen, insbesondere der Weltraum — außer der näheren Erdumgebung — ist zugänglich nur durch Teleskope, Kameras, Radioteleskope etc. in unseren irdischen Observatorien. Also hängt zu einem gewissen Grad das, was wir im Weltraum beobachten, von der Wirkungsweise der Instrumente ab, letzten Endes von dem, was wir in ihrem Konstruktionsplan voraussetzen. Die Analyse der Wirkungsweise der Meßgeräte und der Voraussetzungen des Messens nennt Lorenzen *Protophysik* (vgl. P. Janich, G. Böhme 1976, C. F. v. Weizsäcker 1974). Diese Protophysik geht nun, so Lorenzen, von einer euklidischen Geometrie aus. Und zwar setzt sie den euklidischen Charakter nicht nur „ungefähr" voraus, sondern essentiell, in Form von Symmetrie-Prinzipien (vgl. 3.). Lorenzen schildert die Symmetrieprinzipien sehr anschaulich (nach Dingler) an den Handwerksregeln der Glasschleifer: Wie löst der Glasschleifer die Aufgabe, eine ebene Fläche her-

[2] Man kann sich das realisiert denken dadurch, daß man jeden realen Punkt beschreibt durch drei reelle Zahlen, die als Koordinaten eines *euklidischen* Koordinatensystems aufgefaßt werden; d.h. wir betrachten jedes Tripel von reellen Zahlen als Punkt und jede Menge von Tripeln, die einer linearen Gleichung genügen, als Ebene, Schnittmengen von Ebenen als Geraden; in der bekannten Weise metrisiert, erfüllen diese „Punkte", „Geraden" und „Ebenen" die Axiome der euklidischen Geometrie.

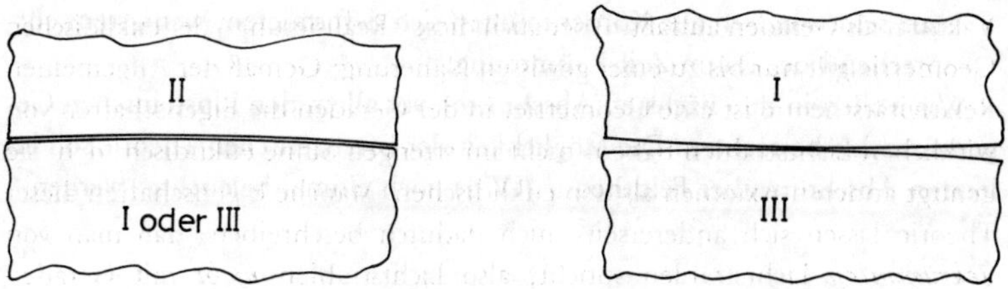

Abb. 1: Schleifen von Planflächen; nach Dingler/Lorenzen.

zustellen? Er muß dazu jedenfalls zwei Glasklötze so lange aneinander abschleifen, bis sie sich in jeder Position überall berühren (Translationssymmetrie). Das genügt aber nicht, denn die Berührungsfläche könnte auch konstante Krümmung haben. Nur wenn beide Glasklötze ebensogut auch auf einen Dritten passen, kann man die Berührungsfläche eben nennen (Spiegelsymmetrie). — Glasschleifer gehen beim Herstellen von Planflächen wirklich so vor. (Abb. 1)

Lorenzen leitet aus den solchen Handwerksregeln zugrundeliegenden Symmetrien die euklidische Geometrie ab. Sein Argument ist folgendes: Derartige Symmetrien werden für die Herstellung aller Meßgeräte vorausgesetzt, also ist die euklidische Geometrie ein „*protophysikalisches Apriori*" aller Physik. Es *kann* sich bei späteren Messungen nicht herausstellen, daß die Geometrie nichteuklidisch ist, denn dann wären die ursprünglich gemachten Voraussetzungen widerlegt (keine der „fast-euklidischen" Riemannschen Geometrien hat die Symmetrien der Glasschleifer), das ganze System wäre also widersprüchlich. Es kann sich also, nach Lorenzen, allenfalls herausstellen, daß Lichtstrahlen gekrümmt sind.

Lorenzen setzt hier eine Hierarchie der Wissenschaften voraus (vgl. C. F. v. Weizsäcker 1974), die das Verhältnis von Naturwissenschaft und Mathematik m. E. nicht richtig beschreibt: Geometrie, als Physik verstanden, gilt prinzipiell nur *genähert*, wie überhaupt jede Physik (vgl. VII 1: Objektbegriff). Auch die vom Glasschleifer benutzte Symmetrie gilt für die Glasklötze nur in einer gewissen Näherung, z. B. nur soweit die Fläche überhaupt als Fläche definiert ist, und soweit die Glasklötze starr sind. Das heißt:

1. Daß die Instrumente unter Voraussetzung der euklidischen Geometrie konstruiert sind, schließt nichteuklidische Geometrien nicht aus, soweit sie *in der benutzten Näherung* keine Abweichung der Konstruktionsvorschrift implizieren.
2. Wo merkliche Abweichungen von der euklidischen Geometrie auftreten, gelten die vorausgesetzten Symmetrien nicht mehr, auch wenn die Instrumente ihnen genähert folgen. Für das Beispiel aus der Glasschleiferei bedeutet das: Feste Körper *könnten* in kosmischen Dimensionen nicht

starr sein, sondern alle Körper müßten sich deformieren, wenigstens entsprechend der Raum-Zeit-Krümmung.

Wir wollen in den nächsten Abschnitten vor allem den Einsteinschen Gegenvorschlag betrachten. Die Möglichkeit der Lorenzenschen Theorie soll im letzten Abschnitt über Feldtheorie (IV 6) noch einmal beleuchtet werden.

2. Äquivalenzprinzip

Grundlegend für Einsteins Ansatz ist die empirisch gut bestätigte *Äquivalenz von träger und schwerer Masse*. Was bedeutet das? Zunächst ist der *Unterschied* zwischen träger und schwerer Masse zu klären, da uns die Äquivalenz viel geläufiger ist: Die „*schwere Masse*" ist das an einem Körper, das ihn nach unten zieht; die schwere Masse ist z. B. für das auf einer Federwaage gemessene Gewicht verantwortlich. Man lernt in der Schule, daß das Gewicht eine Kraft ist (nämlich nach unten, zur Erde), während die Masse eine Körpereigenschaft, ohne Richtung ist. Die schwere Masse kann man beschreiben als diejenige Körpereigenschaft, der die Kraft in einem Gravitiationsfeld proportional ist. Sie ist die „Ladung" für die Gravitationswechselwirkung, ähnlich wie die elektrische Ladung zur elektrostatischen Wechselwirkung gehört.

In Formeln kann man den Zusammenhang kürzer und prägnanter ausdrücken: Wenn sich zwei Körper mit den Massen M_1 und M_2 im Abstand r voneinander befinden, dann ist die Kraft, mit der die beiden Körper zueinander gezogen werden,

$$K = G \cdot \frac{M_1 \cdot M_2}{r^2}$$

Dabei ist G eine Konstante (also für alle Massen und Abstände dieselbe Zahl), deren Zahlwert von den Einheiten abhängt, in denen Masse, Abstand und Kraft gemessen wird. Sei z. B. $M_1 = 1$ kg, $M_2 = 100$ g und $r = 5$ cm (Größenordnung des Cavendish-Experiments); G hat den Zahlwert $(6{,}67 \pm 0{,}01) \cdot 10^{-11}$ $N \cdot m^2/kg^2$, also ist die Kraft im Beispiel $K = 2{,}7 \cdot 10^{-9}$ N. Die Anziehungskraft zwischen Erde (Masse ca. $6 \cdot 10^{21}$ t) und Mond (Masse ca. $5 \cdot 10^{19}$ t), Abstand ca. 400000 km, ist nach dieser Formel $K = 5 \cdot 10^{25}$ N, also 10^{34} mal so groß — unvorstellbare Größenordnung, und immer gilt in guter Näherung dieselbe Formel.

Die elektrostatische Anziehung zwischen zwei Ladungen, Q_1 und Q_2, im Abstand r ist, analog,

$$K = -C \cdot \frac{Q_1 \cdot Q_2}{r^2}$$

wobei C wieder eine Konstante ist, die von den verwendeten Maßeinheiten abhängt. Es gibt allerdings positive und negative Ladungen; gleichartige stoßen sich ab und verschiedene ziehen sich an. Für einzelne Elementarteilchen (Proton-Elektron) ist die elektrostatische Anziehung um einen Faktor von ca. 10^{40} stärker als die Gravitation. Aber im Großen heben sich die Ladungen in ihrer Wirkung gegenseitig auf (zumal sich *ungleiche* anziehen) so, daß bei großen Ansammlungen von Elementarteilchen die elektrostatischen Kräfte praktisch keine Rolle spielen.

Die *„träge Masse"* dagegen ist diejenige Eigenschaft eines Körpers, die seinen Widerstand gegen Beschleunigung bewirkt. Gewöhnlich ist uns der *Zusammenhang* der beiden Massenbegriffe geläufig: Ein Körper, der schwer aufzuheben ist, hat auch viel Wucht. Aber es gibt Erfahrungen, die beide Arten von Masse getrennt erscheinen lassen: Denken wir uns ein großes Schiff in ruhigem Wasser, an einer Kaimauer lose festgemacht. Um das Gewicht brauchen wir uns nicht zu kümmern, denn es schwimmt; der Reibungswiderstand gegen langsame horizontale Bewegung ist im Wasser minimal. Trotzdem können wir das Schiff nicht mit einer Hand herumschieben, wegen seiner ungeheuren trägen Masse. Wenn man allerdings die Geduld hat, eine ganze Weile immer in dieselbe Richtung an dem Schiff zu drücken — anfangs ohne sichtbaren Erfolg —, dann wird sich das Schiff doch mit der Zeit sichtbar in dieser Richtung bewegen, dann kann man es aber auch nicht mehr so leicht bremsen. — Für ein weiteres anschauliches Beispiel denke man sich ein Seil über eine leichtlaufende Rolle gelegt und an den Enden des Seils zwei schwere Eisenklötze, beide mit fast genau dem gleichen Gewicht; der schwerere stehe auf dem Boden. Das Gewicht des schwereren Klotzes wird fast genau durch das Gegengewicht des anderen Klotzes aufgehoben, er wäre also eigentlich leicht aufzuheben. Trotzdem müssen wir erst kräftig nach oben ziehen, um die Klötze in Schwung zu bringen; dann aber „schwebt" der schwere Klotz fast gleichmäßig weiter nach oben, da sein Gewicht so gering ist. Hier haben wir den Unterschied von schwerer und träger Masse *handgreiflich* demonstriert: Die schwere Masse ist (per Saldo) ganz gering, die träge Masse groß; beschreiben wir den Vorgang in der (Schein-) Welt dieses Unterschieds, klingt es ganz ungewohnt. Nun stellt man empirisch fest, daß alle Körper durch die Schwerkraft gleich beschleunigt werden. Das stimmt zwar auf den ersten Blick nicht: Ein leichter Gegenstand, z.B. eine Feder, fällt viel langsamer als ein schwerer Gegenstand, z.B. eine Bleikugel. Diesen Unterschied können wir aber auf die Luft zurückführen; im Vakuum, wo Luftreibung und -auftrieb ausgeschaltet sind, fallen Feder und Bleikugel tatsächlich gleich schnell — ein eindrucksvoller Demonstrationsversuch.

Die Tatsache, daß alle Körper — ceteris paribus — durch die Schwerkraft gleich beschleunigt werden, bezeichnet man als die „Äquivalenz von träger und schwerer Masse", nach folgender Überlegung: Die schwere Masse sorgt für die Beschleunigungskraft, die träge Masse für die dagegenwirkende Trägheit; das Ergebnis dieses Antagonismus ist offenbar für alle Körper dasselbe.

In Formeln läßt sich das im Rahmen der Newtonschen Theorie ausdrücken: Betrachten wir einen Körper der schweren Masse M und der trägen Masse m in einem Gravitationsfeld. Die Schwerkraft auf den Körper ist

$$\vec{K}_s = M \cdot \vec{g}\,,$$

wobei $\vec{g}$ das Gravitationsfeld kennzeichnet[3]; die Beschleunigung ist nach der Newtonschen Formel

$$\vec{K} = m \cdot \vec{b}$$

zu berechnen, also

$$M \cdot \vec{g} = m \cdot \vec{b}$$
$$\vec{b} = \frac{M}{m}\vec{g}$$

Die Beschleunigung ist proportional dem Schwerefeld und dem *Verhältnis* von schwerer zu träger Masse. Die Gleichheit der Beschleunigung aller Körper zeigt, daß dieses Verhältnis für alle Körper gleich ist.

Diese Äquivalenz ist in sehr exakten Versuchen nachgeprüft und bestätigt worden, zuerst (1889) von Eötvös mit einer Genauigkeit von 10^{-9} (ein Milliardstel); die neueste Messung von Braginsky und Panov (1971) gibt eine Genauigkeit von 10^{-12} (ein Billionstel), mit der das Verhältnis von träger zu schwerer Masse bei verschiedenen Stoffen (z. B. Al und Au) gleich ist.

Das Äquivalenzprinzip hat zur Folge, daß die Wirkung eines homogenen Gravitationsfeldes nicht unterschieden werden kann von dem Effekt eines beschleunigten Bezugsystems. Einstein veranschaulicht das durch einen geschlossenen Fahrstuhl: Solange der Fahrstuhl nach oben beschleunigt wird[4], erscheinen alle Personen und Gegenstände schwerer, wenn er nach unten beschleunigt wird, leichter; wenn der Fahrstuhl frei fiele (ohne Luftreibung), dann wäre darin keine Schwere zu bemerken — ein Effekt, der von den „frei fallenden" künstlichen Satelliten her wohl bekannt ist. Einstein gründet auf diese Beobachtung seinen Vorschlag, den Effekt der Gravitation (System K) theoretisch ebenso zu behandeln wie den eines beschleunigten Bezugssystems (System K′). Er schreibt (1911)[5]:

Wir gelangen aber zu einer sehr befriedigenden Interpretation des Erfahrungssatzes, wenn wir annehmen, daß die Systeme K, und K′ physikalisch genau gleichwertig sind, d. h. wenn wir annehmen, man könne das System K ebenfalls als in einem von einem Schwerefeld freien Raume befindlich annehmen; dafür müssen wir K dann aber als gleichförmig beschleunigt betrachten. Man kann bei dieser Auffassung eben-

[3] Das Gravitationsfeld kann von anderen Körpern herrühren; vgl. IV 4 unten.

[4] Z. B. auch bei Abwärtsbewegung gebremst — nach physikalischem Sprachgebrauch fällt das ebenso unter „Beschleunigung nach oben".

[5] Zur Entwicklung von Einsteins Gedanken vgl. B. Hoffmann/H. Dukas 1978.

sowenig von der absoluten Beschleunigung des Bezugssystems sprechen, wie man nach der gewöhnlichen Relativitätstheorie von der absoluten Geschwindigkeit eines Systems reden kann.* Bei dieser Auffassung ist das gleiche Fallen aller Körper in einem Gravitationsfelde selbstverständlich.

Solange wir uns auf rein mechanische Vorgänge aus dem Gültigkeitsbereich von Newtons Mechanik beschränken, sind wir der Gleichwertigkeit der Systeme K und K′ sicher. Unsere Auffassung wird jedoch nur dann tiefere Bedeutung haben, wenn die Systeme K und K′ in bezug auf alle physikalischen Vorgänge gleichwertig sind, d.h. wenn die Naturgesetze in bezug auf K mit denen in bezug auf K′ vollkommen übereinstimmen. Indem wir dies annehmen, erhalten wir ein Prinzip, das, falls es wirklich zutrifft, eine große heuristische Bedeutung besitzt. Denn wir erhalten durch die theoretische Betrachtung der Vorgänge, die sich relativ zu einem gleichförmig beschleunigten Bezugssystem abspielen, Aufschluß über den Verlauf der Vorgänge in einem homogenen Gravitationsfelde. Im folgenden soll zunächst gezeigt werden, inwiefern unsere Hypothese vom Standpunkte der gewöhnlichen Relativitätstheorie aus eine beträchtliche Wahrscheinlichkeit zukommt.

Die Durchführung dieses Programms führt zur „Allgemeinen Relativitätstheorie", die ohne ausgiebige Benutzung von Mathematik schwer zu schildern ist. Eine gute Einführung gibt wiederum das Buch von Max Born, und in moderner Weise, aber mit sehr viel stärkerer Benutzung von Mathematik, das von R. Sexl/H. Urbantke. Wir können hier nur einige Aspekte hervorheben, unter dem Gesichtspunkt der allgemeinen Struktur von Naturwissenschaft.

3. Symmetrie

Einstein hebt in dem oben zitierten Abschnitt die Analogie zur Speziellen Relativitätstheorie hervor: So wie die verschiedenen Inertialsysteme in der Speziellen Relativitätstheorie gleichberechtigt sind, müßten nun auch verschiedene *beschleunigte* Systeme gleichberechtigt sein.

Hier muß man sorgfältig unterscheiden, denn die begrifflich komplizierte Struktur der Allgemeinen Relativitätstheorie hat viel Verwirrung hervorgerufen: Die Spezielle Relativitätstheorie hat Poincaré-Symmetrie, d.h. (u.a.) für die Beschreibung der Phänomene ist jedes Inertialsystem gleich gut — wir haben das im letzten Kapitel ausführlich besprochen (III 5). Das ist aber keine Besonderheit der Speziellen Relativitätstheorie. Auch gemäß der Newtonschen Mechanik sind alle Inertialsysteme gleichberechtigt, nur vermitteln

* Natürlich kann man ein beliebiges Schwerefeld nicht durch einen Bewegungszustand des Systems ohne Gravitationsfeld ersetzen, ebensowenig, als man durch eine Relativitätstransformation alle Punkte eines beliebig bewegten Mediums auf Ruhe transformieren kann.

zwischen ihnen die Galilei-Transformationen und nicht die Poincaré-Transformationen; der Unterschied besteht darin, daß es keine (endliche) gegen die Galilei-Gruppe invariante Geschwindigkeit gibt. Die Entdeckung Einsteins ist also nicht die Relativität der Inertialsysteme, sondern die Relativität der Gleichzeitigkeit — wir haben das in der Überschrift des letzten Kapitels ausgedrückt. Weil es aber tatsächlich auf ein bestimmtes Inertialsystem nicht ankommt, weil es noch dazu vom System abhängt, welche Ereignisse gleichzeitig sind, wählt man vernünftigerweise eine Sprache, die gegen solche irrelevanten Transformationen invariant ist: Man betrachtet Vektoren und Tensoren, und aus solchen abgeleitete Größen, unabhängig von jedem Koordinatensystem; diese Größen sind so konstruiert, daß man ihre Werte in einem beliebigen Koordinatensystem leicht berechnen kann. Z.B. bilden Energie und Impuls eines Massenpunkts (vgl. VII 2) zusammen einen (Vierer-)Vektor; kennt man Energie und Impuls in *einem* Inertialsystem, dann kann man sie für jedes andere Inertialsystem berechnen — was für Energie allein oder Impuls allein nicht gilt. Die Gleichberechtigung aller Inertialsysteme wird so zu einer „koordinatenfreien" Formulierung benutzt.

Zur Geometrisierung der Schwerkraft, dem Thema dieses Kapitels, ist der erste wichtige Schritt die Formalisierung des Äquivalenzprinzips: Die Wirkung eines Gravitationsfeldes ist dieselbe wie die Wirkung eines beschleunigten Bezugssystems (des „Fahrstuhls"), da alle Körper in gleicher Weise der Gravitation unterliegen. „Geometrie" ist dabei die Raum-Zeit-Geometrie, wie sie schon für die Poincaré-Transformationen eingeführt worden war (der „graphische Fahrplan"). In einem Inertialsystem haben beschleunigte Körper gekrümmte Weltlinien (Abb. 2). Wenn man alle Ereignisse so uminterpretiert, daß ein (im Inertialsystem) beschleunigter Körper den räumlichen Koordinaten-Nullpunkt darstellt, also als senkrechte Linie gezeichnet wird, dann erhalten alle kräftefrei bewegten Körper gekrümmte Weltlinien (Abb. 3).

Das Ergebnis könnte ebenso die Wirkung eines homogenen Gravitationsfeldes darstellen, in dem alle (sonst) kräftefreien Körper in gleicher Weise beschleunigt werden.

Die Wirkung eines *homogenen* Gravitationsfeldes, z.B. in einem Fahrstuhl, ist noch relativ leicht, in einem *starr* beschleunigten Bezugssystem darzustellen. Aber z.B. das Gravitationsfeld der Erde im großen ist bei weitem komplizierter; seine Wirkung ist die eines nach allen Richtungen auseinander beschleunigten Bezugssystems, mit nach außen abnehmender Beschleunigung. Solche Systeme beschreibt man mit *Riemann*scher Geometrie, mit von Ort zu Ort verschiedener „Raumkrümmung". Wir haben die physikalische Bedeutung von Geometrie im ersten Abschnitt erörtert. Daß nach der physikalischen Semantik Einsteins, die im vorigen Kapitel dargestellt wurde,

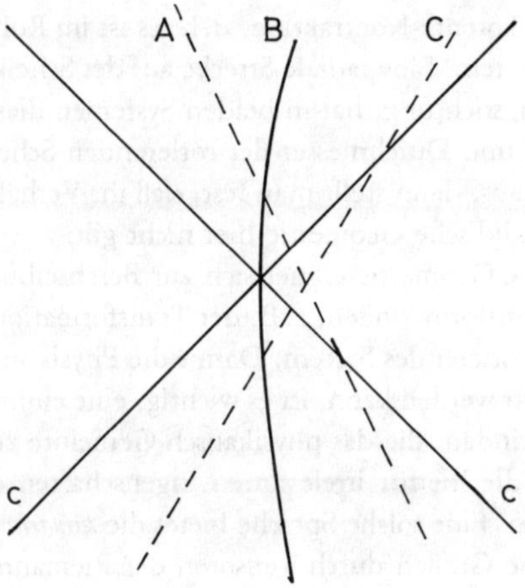

Abb. 2: Inertialsystem.
A, C: kräftefreie Körper B: beschleunigter Körper

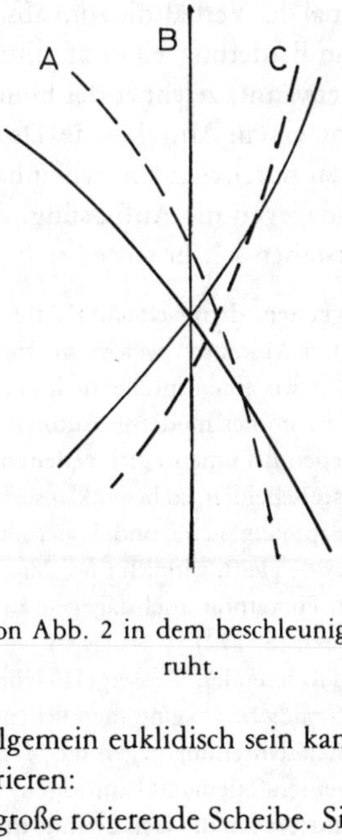

Abb. 3: Die Ereignisse von Abb. 2 in dem beschleunigten Bezugssystem, in dem B ruht.

die Geometrie nicht allgemein euklidisch sein kann, läßt sich am folgenden Standardbeispiel illustrieren:

Betrachten wir eine große rotierende Scheibe. Sie soll so groß sein, daß wir ein Stück ihres Randes vom ruhenden System aus in guter Näherung wie den fahrenden Zug im vorigen Kapitel behandeln können. Ein Stück des Randes unterliegt also der Lorentz-Kontraktion, d.h. es ist im Ruhsystem kürzer als im mitbewegten System. Eine radiale Strecke auf der Scheibe dagegen, senkrecht zur Bewegungsrichtung, hat in beiden Systemen dieselbe Länge. Mißt man nun Umfang und Durchmesser der rotierenden Scheibe im ruhenden System stückweise aus, dann stellt man fest, daß ihr Verhältnis kleiner ist als π; daß also die euklidische Geometrie hier nicht gilt.

Die Riemannsche Geometrie eignet sich zur Beschreibung sehr allgemeiner Koordinatentransformationen, z.B. der Transformation von einem Inertialsystem auf ein rotierendes System. Damit die Physik in so verschiedenen Systemen formuliert werden kann, ist es wichtig, eine einheitliche mathematische Sprache zu finden, die das physikalisch Gemeinte zu beschreiben gestattet, ohne daß die hierfür irrelevanten Eigenschaften des Koordinatensystems hervortreten. Eine solche Sprache bietet die *kovariante Formulierung*, in der physikalische Größen durch Tensoren der Riemannschen Geometrie ausgedrückt werden, deren Transformationseigenschaften entsprechend komplizierter sind als bei den Inertialsystemen. Die moderne Differentialgeometrie bietet eine *koordinatenfreie* Formulierung der physikalischen Sachverhalte.

Betrachten wir noch einmal das Verhältnis zum absoluten Raum Newtons: Newton veranschaulicht die Forderung eines absoluten Raums mit seinem Eimerversuch[6]. Wie schon erwähnt, zeichnet der Eimerversuch kein *Inertialsystem* aus, wohl aber gibt er ein Mittel, eine Drehbewegung von einer gleichförmigen Bewegung zu unterscheiden, scheinbar im absoluten Raum. Ernst Mach (1889) vertritt dagegen die Auffassung, daß *alle* Bewegung nur als Relativbewegung zu verstehen sei. Er schreibt:

Alle Massen, *alle* Geschwindigkeiten, demnach *alle* Kräfte sind relativ. Es gibt keine Entscheidung über Relatives und Absolutes, welche wir treffen könnten, zu welcher wir gedrängt wären, aus welcher wir einen intellektuellen oder einen andern Vorteil ziehen könnten. — Wenn noch immer moderne Autoren durch die Newtonschen, vom Wassergefäß hergenommenen Argumente sich verleiten lassen, zwischen relativer und absoluter Bewegung zu unterscheiden, so bedenken sie nicht, daß das Weltsystem uns nur *einmal* gegeben, die ptolemäische und kopernikanische Auffassung aber *unsere* Interpretationen, aber beide gleich wirklich sind. Man versuche das Newtonsche Wassergefäß festzuhalten, den Fixsternhimmel dagegen zu rotieren und das Fehlen der Fliehkräfte nun nachzuweisen (S. 222).

Der Versuch Newtons mit dem rotierenden Wassergefäß lehrt nur, daß die Relativdrehung des Wassers gegen die *Gefäßwände* keine merklichen Zentrifugalkräfte weckt, daß dieselben aber durch die Relativdrehung gegen die Masse der Erde und die übrigen Himmelskörper geweckt werden. Niemand kann sagen, wie der Versuch quantitativ und qualitativ verlaufen würde, wenn die Gefäßwände immer dicker und massiger,

[6] Vgl. III 1.

zuletzt mehrere Meilen dick würden. Es liegt nur der *eine* Versuch vor, und wir haben denselben mit den übrigen uns bekannten Tatsachen, nicht aber mit unsern willkürlichen Dichtungen in Einklang zu bringen (S. 226).
Wenn wir daher sagen, daß ein Körper seine Richtung und Geschwindigkeit *im Raum* beibehält, so liegt darin nur eine kurze Anweisung auf Beachtung der *ganzen Welt*. Der Erfinder des Prinzips darf sich diesen gekürzten Ausdruck erlauben, weil er weiß, daß der Ausführung der Anweisung in der Regel keine Schwierigkeiten im Wege stehen. Er kann aber nicht helfen, wenn sich solche Schwierigkeiten einstellen, wenn z. B. die nötigen gegeneinander festliegenden Körper fehlen (S. 227).

Mach betont, was an sich klar ist, nämlich daß eine gleichförmige Bewegung nicht an einem Körper selbst gesehen werden kann, sondern nur aus seinem Verhältnis zu anderen Körpern; oder, konkret, daß die gleichförmige Bewegung *gegenüber dem Fixsternhimmel* vor anderen Bewegungen ausgezeichnet ist, ebenso wie Newtons Eimerversuch die Rotation *gegen den Fixsternhimmel* auszeichnet. — Einstein führt als *Machsches Prinzip* die Forderung ein, daß überhaupt *alle* Charakteristika des Raums von den Körpern herkommen, daß also *nichts* einen „leeren Raum" oder einen „Raum an sich" charakterisiert. Wir kommen auf dieses Prinzip im nächsten Abschnitt und bei der Behandlung der Quantenmechanik zurück.

Zeichnen wir die Argumentation dieses Abschnitts noch einmal nach: Das Äquivalenzprinzip legt es nahe, die Gravitation als Wirkung nicht eines Kraftfeldes, sondern der Raum-Zeit-Geometrie zu beschreiben. Diese Beschreibung nötigt aber dazu, Transformationen zwischen beliebigen Riemannschen Koordinatensystemen zuzulassen. Auf der anderen Seite nötigt uns das sehr plausible Machsche Prinzip dazu, eine Relativbewegung, auch wenn sie in beliebig bewegten Koordinatensystemen beschrieben wird, immer als dieselbe zu betrachten; wir müssen also gemäß dem Machschen Prinzip Beschreibungen in beliebigen (Riemannschen?) Koordinatensystemen als gleichberechtigt betrachten. Beide, Äquivalenzprinzip und Machsches Prinzip, nötigen uns eine mathematische Sprache für die Physik auf, in der Koordinatensysteme nur eine untergeordnete Rolle spielen.

Der Tatsache, daß nur *Relativ*bewegungen eine Rolle spielen bzw. daß das Koordinatensystem nur „relative" Bedeutung hat, verdankt die Allgemeine *Relativitätstheorie* ihren Namen. Klarer wäre es vielleicht, sie „Invariantentheorie" zu nennen; mindestens würde diese Bezeichnung populäre Mißverständnisse der Art wie „Seit Einstein ist ja alles relativ" ausschließen. Vor allem ist zu betonen, daß es sich bei der Unabhängigkeit der Theorie vom Koordinatensystem um die besondere *Sprache* handelt, in der sie ausgedrückt wird, in der aber auch jede andere Theorie ausgedrückt werden kann. *Physikalisch* haben wir bisher behauptet: 1. die Äquivalenz von Gravitation und Beschleunigung, 2. die ausschließliche Relevanz von Relativbewegungen.

Daß diese beiden physikalischen Behauptungen die Benutzung einer differentialgeometrischen Sprache *nahelegen*, haben wir oben erörtert.

4. Feldgleichungen

Wir haben bisher das Gravitationsfeld als gegeben betrachtet und geschildert, wie die Raum-Zeit-Geometrie einzurichten ist, damit die *freien* Bewegungen in dieser Raum-Zeit-Geometrie dieselben sind wie die Bewegungen in einem Inertialsystem unter dem Einfluß der Gravitation („Fahrstuhl"), gemäß dem Äquivalenzprinzip. Nun wird aber schon in der Newtonschen Gravitationstheorie mit Erfolg das Gravitationsfeld selbst als Wirkung der massiven Körper beschrieben. Nach Newton ist das Primäre die *gegenseitige* Anziehung der Körper gemäß dem Zweiten Gesetz:

$$K = G \cdot \frac{M_1 \cdot M_2}{r^2}$$

Dabei ist G die universelle Gravitationskonstante, M_1 und M_2 sind die Massen der beiden Körper, r ihr Abstand und K die Kraft, mit der die beiden Körper sich gegenseitig anziehen (vgl. IV 2).

In einem System von massiven Körpern ist also das Gravitationsfeld am Ort eines Körpers bestimmt durch die Konstellation der übrigen Körper: Wenn $\vec{g}(x)$ die Feldstärke ist, M_i die Masse des Körpers Nr. i, und $\vec{x}_i$ sein Ort, dann ist die Kraft auf den Körper Nr. r

$$\vec{K}_r = M_r \cdot \vec{g}(\vec{x}_r)$$

und

$$\vec{g}(\vec{x}_r) = G \cdot \sum_i \frac{M_i}{(\vec{x}_r - \vec{x}_i)^2} \cdot \frac{\vec{x}_i - \vec{x}_r}{|\vec{x}_i - \vec{x}_r|}$$

(dabei gibt der erste Faktor in der Summe den *Betrag* der Anziehung des Körpers Nr. i an, gemäß der obigen Gleichung, der zweite Faktor die *Richtung* zu diesem Körper; die Kräfte müssen ja vektoriell, gemäß dem „Parallelogramm der Kräfte", addiert werden).

Das Gravitationsfeld, das nach unserer Auffassung für die Raum-Zeit-Geometrie verantwortlich ist, die ihrerseits die Bewegung der massiven Körper bestimmt, ist also selbst bestimmt durch die Konstellation der massiven Körper. Gemäß der Speziellen Relativitätstheorie ist die Masse eines Körpers zusammengesetzt aus seiner Ruhmasse und der zusätzlichen Masse, die seiner Bewegungsenergie entspricht; diese Masse trägt gemäß dem Äquivalenzprinzip auch zur Gravitation bei. Wir können also zusammenfassen: Die Raum-Zeit-Geometrie wird bestimmt von der Verteilung der Gesamt-Energie (einschließlich Ruh-Energie).

Für die Form dieser Beziehung gibt Einstein die plausible Gleichung an, die sich bisher bewährt hat:

$$R_{ik} - \frac{1}{2} \cdot g_{ik} \cdot R = -\varkappa \cdot T_{ik} - \Lambda \cdot g_{ik} .$$

Die Gleichung ist hier zunächst nur als Bild gemeint, als *Symbol* für die Allgemeine Relativitätstheorie. Ohne auf mathematische Details einzugehen, läßt sich soviel dazu sagen: Die linke Seite der Gleichung gibt Maßzahlen für die geometrische Struktur der Raumzeit, die rechte Seite für die Verteilung der Materie. Dabei ist g_{ik} der metrische Tensor, R_{ik} und R sind Ausdrücke aus dem Riemannschen Krümmungstensor (die durch g_{ik} eindeutig festgelegt sind), T_{ik} ist der Energie-Impuls-Tensor der Materie, $\varkappa = 8\pi \cdot G/c^2 = 1{,}86 \cdot 10^{-28}$ m/kg ist eine universelle Konstante, und ist Λ die „Vakuum-Energie“[7]. In der Gleichung wird also gleichgesetzt ein Maß für die Krümmung der Raumzeit mit einem Maß für die Verteilung der Materie bzw. Energie, beide bezogen auf denselben „Ereignispunkt“ im Raum-Zeit-Kontinuum.

Diese Gleichung ist *nichtlinear*, und das bedingt die großen mathematischen Schwierigkeiten beim Versuch, eine Übersicht über die möglichen Lösungen zu gewinnen. Bei einem *linearen* Gleichungssystem (dazu gehören praktisch alle physikalischen Grundgleichungen) kann man aus bekannten Lösungen neue gewinnen, indem man die bekannten linear kombiniert: Zu einer Funktion, die das Gleichungssystem löst, sind auch alle Vielfachen (z.B. auch negative!) dieser Funktion Lösungen; hat man zwei Lösungen, dann hat man zugleich auch die Summe beliebiger Vielfacher als Lösung. Meist genügt es also, wenige Basis-Lösungen anzugeben, und man hat damit im Prinzip *alle* Lösungen. — Bei nichtlinearen Gleichungen gilt das nicht. Welche Lösungen der obigen Feldgleichungen überhaupt möglich sind, ist nur zum Teil bekannt; der nächste Abschnitt wird sich mit bisher bekannten Lösungen beschäftigen, am Schluß wird die Linearität noch einmal thematisiert.

5. Kosmologie

Ein faszinierendes Anwendungsfeld der Gravitationstheorie ist die Kosmologie, also die Betrachtung der Welt im ganzen, sowohl in räumlicher als auch in zeitlicher Hinsicht.

[7] Λ ist die „kosmologische Konstante“, die Einstein eingeführt hat, ursprünglich um eine statische Lösung seiner Gleichungen zu ermöglichen. Später, nach der Entdeckung der Rotverschiebung, hat er sie verworfen, heute wird sie in der Kosmologie (s. d.) meist mit betrachtet und als Vakuum-Energie interpretiert. Sie ist aber mit den Beobachtungen nur vereinbar, wenn sie kleiner ist als $10^{-57}/\text{cm}^2$; sie spielt also überhaupt nur bei kosmologischen Erörterungen eine Rolle.

Daß sich gerade die Gravitationstheorie für kosmologische Anwendung eignet, haben wir schon erwähnt: Die starke und die schwache Wechselwirkung der Elementarteilchen haben nur kurze Reichweite; die elektromagnetische Wechselwirkung ist zwar 10^{40} -mal so stark und hat im Prinzip dieselbe Reichweite wie die Gravitation, wegen des Ladungsausgleichs spielt sie aber doch bei großen Entfernungen keine Rolle. Allerdings kann in der Betrachtung großer Bereiche oder der Gesamtwelt die *Quantenmechanik* von Bedeutung sein, nämlich wenn extreme Bedingungen auftreten, etwa am „Anfang der Welt" (S. Weinberg 1977), im Inneren von Sternen, bei „schwarzen Löchern" u. ä. Wir kommen darauf zurück; für eine grobe Betrachtung genügt zunächst die Gravitationstheorie.

Hier hat nun die Allgemeine Relativitätstheorie Einsteins ganz neue Möglichkeiten eröffnet: Sie bietet sich geradezu an für kosmologische Betrachtungen, da sie Raum und Zeit als ein Kontinuum betrachtet, das nur die Eigenschaften der vorhandenen Objekte beschreibt, ohne Annahmen über einen zugrundeliegenden Raum oder eine „absolute" Zeit. Eine Kosmologie ist dann eine Lösung der Feldgleichungen, welche sowohl die Raum-Zeit-Geometrie wie auch die Materie mit ihren Eigenschaften an *allen* Raum-Zeit-Punkten beschreibt. Die nichteuklidische Geometrie gestattet dabei außer der traditionellen Annahme einer unendlichen Welt auch Lösungen, nach denen die Welt räumlich oder zeitlich endlich ist.

Die Lösungen der Einsteinschen Gleichungen sind, wegen der Nichtlinearität (s. o.), sehr schwer überschaubar. Da auch die Beobachtungen keine einschränkenden Bedingungen für mögliche Kosmologien hergeben, ist man auf grobe Vereinfachungen angewiesen: Zunächst sieht man von der Struktur der Materie in Himmelskörpern, Sonnensystemen, Galaxien etc. ab und nimmt sich ein Universum vor mit homogen verteilter Materie, beschrieben durch die Dichte (ähnlich wie man es bei einem Gas macht). Sodann betrachtet man im allgemeinen ein *Friedmann*-Universum; d. h. eine Lösung, die *in jedem Punkt räumlich isotrop* ist; *isotrop* bedeutet, daß keine Richtung vor anderen ausgezeichnet ist. Man mache sich klar, eine wie starke Einschränkung das bedeutet: Alle Größen müssen räumlich konstant sein, denn sonst gäbe es Punkte, an denen z. B. die Richtung der Zunahme einer Größe sich von der Richtung ihrer Abnahme unterscheidet; außerdem dürfen keine gerichteten Größen auftreten, etwa Drehungen (wie die des Planetensystems) oder Ströme, denn sie würden eine Richtung auszeichnen[8].

[8] Abgesehen von der Einfachheit gibt es auch ein empirisches Argument für die Isotropie, die „kosmische Hintergrundstrahlung": Das ist elektromagnetische Strahlung, deren Spektrum (Verteilung auf die verschiedenen Wellenlängen) einer Wärmestrahlung der Temperatur 2,7 K entspricht (also ca. −270° C, ein sehr „kalter

Immerhin könnte ein Friedmann-Universum eine erste grobe Beschreibung liefern für die Entwicklung der Welt insgesamt. Schon diese sehr pauschale Vereinfachung läßt verschiedene Typen von Lösungen zu, die sich nach zwei Kriterien einteilen lassen.

Erstens nach dem Charakter der Geometrie, in flach, elliptisch und hyperbolisch. *Flach* ist die euklidische Geometrie, die in der klassischen Physik als einzige betrachtet wurde. Die beiden anderen Geometrien unterscheiden sich durch positive Krümmung *(elliptisch)* und negative Krümmung (*hyperbolisch*; flach bedeutet Krümmung Null). Die Krümmung ist dabei durch „innergeometrische" Größen bestimmt, sie kann also im Prinzip durch Messung innerhalb des „gekrümmten" Raums festgestellt werden — etwa indem man die Winkelsumme in einem Dreieck oder das Verhältnis von Umfang zu Durchmesser im Kreis mißt (vgl. IV 3). Wir können uns die Verhältnisse aber *veranschaulichen*, indem wir statt des dreidimensionalen Raums, in dem wir leben, eine zweidimensionale Fläche *im* Raum betrachten, die wir „von außen" als gekrümmt erkennen. Krümmungsmaß Null kennzeichnet die Ebene. Die Kugeloberfläche ist eine Fläche von überall gleichem positiven Krümmungsmaß: in einem „Dreieck" auf der Kugeloberfläche ist die Winkelsumme größer als 180°; der Umfang eines Kreises ist kleiner als π-mal sein „Durchmesser" auf der Kugeloberfläche. Umgekehrt ist es bei einer Fläche von der Form eines Sattels oder eines sanften Paßübergangs: Der Umfang eines Kreises auf einer solchen Fläche ist relativ größer als in der Ebene, die Winkelsumme im Dreieck ist kleiner als 180°; mathematisch gesagt: die Krümmung der Fläche ist *negativ*.

Das zweite Kriterium ist das „kosmologische Glied" in der Feldgleichung, gewöhnlich Λ genannt. $\Lambda/\varkappa$ ist dabei die Energiedichte des Vakuums — eine nach der Quantenfeldtheorie geläufige Vorstellung.

Die verschiedenen „Friedmann-Universa" nehmen verschiedene Arten des zeitlichen Verlaufs: Einige expandieren zunächst und kontrahieren dann wieder, oder umgekehrt, andere expandieren immer oder kontrahieren immer. Es gibt bei einer bestimmten Materiedichte nur eine einzige statische Lösung, den „Einstein-Kosmos" mit positiver Krümmung (elliptisch); dann hat das kosmologische Glied Λ den positiven Wert $\Lambda_c = \frac{1}{2} \cdot \varkappa / \varrho$ ($\varkappa$: Gravitationskonstante, ϱ: Materiedichte). Dieses Friedmann-Universum ist instabil: wird der Krümmungsradius nur wenig größer oder kleiner als der für den

Weltraum"). Diese Strahlung ist mit großer Genauigkeit isotrop: Bei einer Winkelauflösung von 1° schwankt die Temperatur in verschiedenen Richtungen um weniger als 2‰. Nimmt man an, daß nicht gerade unser Standpunkt in der Welt ausgezeichnet ist („Kosmologisches Prinzip"), dann scheint ein Friedmann-Universum plausibel.

Einstein-Kosmos „richtige", dann expandiert bzw. kontrahiert der Kosmos unbegrenzt; ein Kosmos mit wenig größerem oder kleinerem Krümmungsradius kann sich allerdings auch asymptotisch dem Einstein-Kosmos nähern. — Ein Friedmann-Universum mit einer kosmologischen Konstante Λ, die nur wenig größer ist als die Konstante Λ_c des Einstein-Kosmos („Lemaitre-Kosmos") expandiert dauernd (oder kontrahiert dauernd), allerdings in der Nähe der Größe des Einstein-Kosmos um so langsamer, je näher Λ an Λ_c ist — das gibt die Möglichkeit, praktisch jedes Alter der Welt in einem Friedmann-Universum „einzubauen", wenn man Λ richtig wählt.

Experimentell müßte sich im Prinzip zwischen den verschiedenen Modellen entscheiden lassen: Je nach Raumtyp ist das Verhältnis der Oberfläche zum Radius einer Kugel ein anderes, ähnlich wie wir es oben am Kreis im zweidimensionalen Modell gesehen haben. Im euklidischen Raum ist der Inhalt einer Kugelfläche, die ringsum den gleichen Abstand a von mir hat, $F = 4\pi a^2$; im elliptischen Raum hat eine Fläche mit dem gleichen Abstand a um mich herum *geringeren* Flächeninhalt. Wenn ich also überall gleiche Materiedichte voraussetze, wird mir im elliptischen Raum im Vergleich zum euklidischen Raum die Materie (etwa die Zahl der Galaxien) nach außen verdünnt erscheinen; entsprechend wird mir die Materie nach außen verdichtet erscheinen, wenn in Wirklichkeit der Raum hyperbolisch ist. — Leider läßt sich die Frage aber experimentell nicht entscheiden, da man zur Auswertung der Beobachtungsdaten berücksichtigen muß, daß die Strahlung (Licht, Radiowellen, Röntgenstrahlung), die wir heute empfangen, teilweise vor Jahrmillionen erzeugt worden ist, so daß Schlüsse auf den „heutigen" Zustand schwierig sind.

Ein Phänomen ist entscheidend wichtig für die Beurteilung, ob eine bestimmte Friedmann-Lösung das „wirkliche" Universum darstellt: die *Rotverschiebung*. In fernen Galaxien erscheinen dieselben Spektren, die auch auf der Erde bekannt sind, aber zu längeren Wellen (zum *roten* Ende des sichtbaren Spektrums) hin verschoben. Man deutet das i. allg. als Doppler-Effekt: Die Rotverschiebung rührt nach dieser Deutung daher, daß die Galaxien sich von uns entfernen — ähnlich wie eine Autohupe tiefer klingt, wenn das Auto sich entfernt, als wenn es auf mich zufährt. — Die Annahme einer solchen „Fluchtbewegung" der Galaxien ist mit der Friedmann-Hypothese[9] vereinbar, wenn dabei die Geschwindigkeit proportional mit der Entfernung zunimmt. Dann bewegt sich z. B. Stern 1 in der Entfernung a mit der Geschwindigkeit v von uns weg, Stern 2 in der Entfernung 2a (hinter Stern 1) bewegt sich mit Geschwindigkeit 2v von uns weg; von Stern 1 aus gesehen

[9] Nämlich, daß an allen Orten alle Richtungen „gleich aussehen", vgl. oben „Isotropie".

bewegen sich also Stern 2 und wir, die entgegengesetzt je die Entfernung a von Stern 1 haben, entgegengesetzt mit der Geschwindigkeit v auseinander — und dies gilt für alle Punkte des Universums. Diese Proportionalität von Entfernung und Rotverschiebung ist mit den Beobachtungen vereinbar (wenn auch nicht gut bestätigt — u. a. wieder, weil die Strahlung von entfernten Sternen schon so „alt" ist); demgemäß wird heute i. allg. angenommen, daß das Universum expandiert, und das (gemäß der Strahlung von entfernten Sternen, die sehr alt ist) schon seit einigen Milliarden Jahren[10]. Daraus ergibt sich für die Friedmann-Gleichung eine Lösung, die die größte Wahrscheinlichkeit hat und die zusammen mit Überlegungen aus anderen Gebieten der Physik (Elementarteilchen, Kernphysik, Thermodynamik) folgendes Bild ergibt[11]: Es beginnt mit einem sehr kleinen Universum extrem hoher Dichte und Temperatur; was davor ist, läßt sich nicht sagen. Dann dehnt sich das Universum sehr schnell[12] aus („Urknall"), es entstehen Protonen und Neutronen, dann auch Elektronen, schließlich leichte Atomkerne — alles in ca. einer Stunde; das Universum hat danach eine Größe von ca. 100 Lichtjahren. In den ersten ca. 1 Million Jahren ist die meiste Energie im Universum als Strahlung (Licht) vorhanden, dann erst entstehen Sterne, Galaxien etc.; der Hauptteil der Energie besteht von da an in Materie, der Kosmos wird im wesentlichen durchsichtig, wie er heute ist, Licht ist von der Materie „entkoppelt". Heute, nachdem der Kosmos zehntausendmal so lang existiert (ca. 10 Milliarden Jahre), ist von der ursprünglich dominierenden Strahlung nur noch die „2,7 K-Hintergrundstrahlung"[13] übriggeblieben: Durch die Expansion des Universums ist aus dem intensiven Licht bei einigen

[10] Eine ganz andere These vertritt der Mathematiker I. E. Segal: Nach seiner Theorie kann eine Rotverschiebung auch im Einstein-Universum auftreten, ganz ohne Fluchtbewegung, nur durch die Krümmung. Nach Segal muß man nämlich von der lokalen Zeit jetzt und hier unterscheiden die „wirkliche" Zeit im gekrümmten Raum-Zeit-Kontinuum, in der sich die Photonen bewegen. Dieser Unterschied bewirkt, daß die Photonen, in unserer lokalen Zeit gemessen, um so mehr rotverschoben sind, je älter sie sind. Segal leitet aus seiner Theorie eine *andere* Beziehung zwischen Helligkeit und Rotverschiebung von Galaxien ab, als aus der Expansionsthese folgt, und sieht seine Theorie durch die Beobachtungen bestätigt; das aber bestreiten die Astronomen.

[11] Auch hier gibt es andere Deutungen, welche z. B. die Expansion als einen stationären Zustand ansehen, bei dem immer und überall neue Materie entsteht ("steady state", "continuous creation"), oder periodische Modelle. Die Urknall-Theorie hat aber bisher weitaus am meisten experimentelle Evidenz für sich. Vgl. Weinberg.

[12] Teile des Universums entfernen sich voneinander mit weit mehr als Lichtgeschwindigkeit. Das widerspricht nicht der Speziellen Relativitätstheorie, denn zwischen diesen Teilen des Universums ist keine Verbindung möglich.

[13] Vgl. Anm. 8 in diesem Kapitel.

Tausend Grad eine sehr schwache Strahlung im Mikrowellen-Bereich geworden, entsprechend der Strahlung eines extrem kalten Körpers. Insbesondere das Phänomen der Hintergrundstrahlung, das sehr gut mit der Deutung der Entwicklung auf Grund von thermodynamischen und kernphysikalischen Überlegungen zusammenpaßt, macht die eben geschilderte Entwicklung sehr wahrscheinlich.

Die hier beschriebenen Vorgänge liegen so sehr außerhalb unserer alltäglichen Erfahrung, daß wir überlegen müssen, was eine solche Beschreibung überhaupt beinhaltet. Denn niemand kann ja die beschriebenen Vorgänge beobachtet haben, noch wird je jemand entsprechende Vorgänge beobachten: Sie umfassen die Welt insgesamt und sind prinzipiell einmalig. Die Möglichkeiten, solche vergangenen Zustände aus Beobachtungen *hier jetzt* zu erschließen, sind relativ beschränkt: wir können hier jetzt Strahlung empfangen von Ereignissen auf dem Vergangenheitslichtkegel — also z.B. Strahlung, die ein Quasar vor annähernd 2 Milliarden Jahren ausgesandt hat, wenn dieser Quasar 2 Milliarden Lichtjahre von hier entfernt ist; wir können außerdem hier Dokumente der Vergangenheit untersuchen (etwa das Alter von Mineralien), also Informationen aus der unmittelbaren Umgebung unseres Ruhesystems *hier* sammeln. Insbesondere diese letzte Information ist spärlich, und alle anderen Raum-Zeit-Bereiche sind praktisch unzugänglich. In diesem Zusammenhang ist folgende Überlegung interessant: Beim Urknall entfernen sich Teile des Kosmos wesentlich schneller als mit Lichtgeschwindigkeit auseinander, so daß danach keine kausale Verbindung zwischen ihnen bestehen kann. Man konnte also für einige Zeit am Anfang von jedem Punkt aus prinzipiell nur einen Teil des Universums überblicken; der „Horizont" war kleiner als das Universum insgesamt. Unter diesen Umständen ist es ein Rätsel, daß die Temperatur der Hintergrundstrahlung aus allen Richtungen genau gleich ist; denn die Strahlung kann nicht eine gemeinsame Ursache haben, der „Horizont" jedes Orts umfaßte zur Zeit ihrer Entstehung nur ca. ein Zehntel des Universums. — Erst in unserem Welt-Zeitalter umfaßt der Horizont jeden Orts fast das gesamte Universum, d.h. im Prinzip könnten wir von beinahe jedem Ort Signale empfangen. Signale, die wir heute von den fernsten Orten her empfangen würden, wären aus der Zeit der Entstehung der Welt, also noch älter als die Hintergrundstrahlung.

Wir können also die Information, die uns *jetzt hier* zugänglich ist, überhaupt nur einem kleinen Teil des Raum-Zeit-Kontinuums zuordnen; die theoretische Beschreibung von allem übrigen hat keine beobachtbaren Konsequenzen, sie muß nur — verknüpft über die physikalischen Gesetze — mit den Beobachtungen verträglich sein. Gerade da entsteht aber ein besonderes Problem: Die physikalischen Gesetze enthalten allgemeine Regeln für eine Vielzahl von möglichen Situationen, z.B. allgemeine Differentialgleichungen für eine Vielzahl von möglichen Anfangs- und Randbedingungen; man kann mit Hilfe solcher Regeln aus einer gegebenen Situation *in der Welt* spätere Situationen voraussagen, oder man kann eine vorgefundene Situation als Dokument früherer Vorgänge interpretieren. In jedem Fall ist das Gesetz gemeint als Zusammenfassung vieler möglicher Fälle, und es ist empirisch bestätigt durch schon beobachtete Fälle, in denen es zutraf. Wie kann aber ein prinzipiell einmaliger Vorgang, wie die Entwicklung des Kosmos im Ganzen, nach einem allgemeinen Gesetz ablaufen? — Betrachten wir das etwas mehr im Detail: Wir extrapolieren die allgemeinen Gesetze auf Verhältnisse, unter denen wir sie nicht nachprüfen können, etwa die Allgemeine Relativitätstheorie auf die riesigen Entfernungen des Gesamt-Kosmos oder auf die starke Raumkrümmung am „Anfang der Welt"; das scheint uns plausibel wegen der Einfachheit der Grundannahmen, die in ihrer *Form* schon große Allgemeinheit implizieren. Ähnlich benutzen wir die Thermodynamik für eine Beschreibung des Anfangs der Welt wegen ihrer Allgemeinheit. Die Theorie der Atomkerne und Elementarteilchen hat diese Einfachheit und Allgemeinheit nicht; wir benutzen sie trotzdem für die Darstellung von Temperaturen von Billionen (10^{12}) Grad, die in keinem Stern vorkommen, um die „erste Sekunde" des Kosmos zu beschreiben, denn wir haben das Verhalten sehr energiereicher Einzelteilchen beobachtet, die aus der „Höhenstrahlung" oder aus einem großen Teilchenbeschleuniger kommen und deren Energie der Energie aller Teilchen bei so hohen Temperaturen entspricht.

Wie die oben geschilderten Vorstellungen von den „ersten drei Minuten" zeigen, bewährt sich dieses Vorgehen in einer Weise, wie man es nie für möglich gehalten hätte; wir können physikalisch schon die „erste Mikrosekunde" erfassen, in der das ganze Weltall nur die Größenordnung von Licht-Tagen hatte. — „Davor" aber ist endgültig Schluß mit der physikalischen Beschreibung. Gerade die genauen Vorstellungen über den Urknall führen uns um so plausibler auf eine Anfangs-*Singularität*[14] mit Dichte und Temperatur „unendlich" — d.h., genauer gesagt, einem Ende der Möglichkeit, Physik anzuwenden. Es konnte gezeigt werden, daß die Einsteinschen Gleichungen in jedem Fall, wenn man ein expandierendes Universum voraussetzt, auf Lösungen mit einer Anfangs-Singularität führen, ziemlich unabhängig von allen weiteren Annahmen. Physikalisch bedeutet das: Man käme, gemäß den Einsteinschen Gleichungen, in die Vergangenheit zurückgehend zu beliebig hohen Temperaturen und beliebig hohen Dichten. Das

[14] Singularität heißt eine Stelle einer reellen Funktion, an welcher der Wert der Funktion „unendlich" wird. Genauer muß man sagen: An dieser Stelle hat die Funktion gar keinen Zahlenwert; ihr Wert *in der Nähe* der Singularität ist *beliebig hoch*, wenn man nur nahe genug an die Singularität herangeht.

bedeutet, daß für irgendeine vergangene Zeit die für die Theorie gemachten Voraussetzungen noch nicht zutrafen, daß wir also die Lösungen der Theorie nicht mehr als „vergangene Wirklichkeit“ interpretieren können.

Ähnlich müßte man übrigens extreme *lokale* Lösungen der Einstein-Gleichungen betrachten, wie etwa die schwarzen Löcher: Sie sind insofern wirklich, als diese Lösungen beobachtbare Konsequenzen für uns haben, z.B. Abweichungen in der Bahn von Himmelskörpern. Was jemand im Inneren eines schwarzen Loches erleben würde, kann ein aufregender Gegenstand von Science-fiction sein, aber nicht Beschreibung von Wirklichkeit (vgl. II und VIII 3f.).

6. Lineare Gravitations-Feldtheorie

Wir haben bisher die faszinierenden Folgen des Einsteinschen Gedankens betrachtet, das Äquivalenzprinzip an die Spitze zu stellen und die Gravitation zu geometrisieren. Seit den grundlegenden Arbeiten Einsteins hat sich ein allgemeines Verfahren in der mathematischen Physik entwickelt, beliebige Lorentz-invariante Feldtheorien aufzustellen (also solche, die mit der Speziellen Relativitätstheorie verträglich sind). Nach diesem Verfahren werden sowohl das elektromagnetische Feld als auch die Felder der starken und der schwachen Wechselwirkung der Elementarteilchen behandelt, wie auch die Suche nach evtl. neuen Wechselwirkungen. Wie sähe in diesem Rahmen die Gravitationstheorie aus?

Die mathematischen Einzelheiten zu schildern, würde hier zu weit führen[15]. Es zeigt sich, daß eine Lorentz-invariante Gravitationstheorie möglich ist, analog zur Theorie des elektromagnetischen Feldes. Im Gegensatz zur elektromagnetischen Vektor-Theorie muß die Gravitationstheorie eine Skalar- oder Tensortheorie sein; der Einsteinschen Theorie würde eine Tensortheorie (Spin 2) entsprechen[16]. Allerdings zeigt diese Theorie einige Ungereimtheiten, und außerdem ergibt sich die folgende besondere Eigenschaft: Durch geschickte Koordinatentransformationen (zusammen mit Eichtransformationen) kann man das Gravitationsfeld *lokal* wegtransformieren. Das ist die Eigenschaft, die wir oben als *Äquivalenzprinzip* kennengelernt haben: Durch geeignete Koordinatentransformationen (nämlich durch Übergang zu einem beschleunigten Bezugssystem, dem „frei fallenden Fahrstuhl“) kann man erreichen, daß keine Wirkung der Gravitation zu spüren ist. Das Äquivalenzprinzip, das wir oben als empirische Fundamentaltatsache ein-

[15] Eine gute Übersicht bietet Kap. 10 von R. Sexl/H. Urbantke; vgl. auch Ch. 7 von Ch. W. Misner et al.

[16] Eine skalare Theorie würde die empirisch gut bestätigte Lichtablenkung nicht ergeben. Ernsthaft diskutiert wird eine „gemischte“ Skalar-Tensor-Theorie, deren Hauptkennzeichen eine mit dem Alter der Welt veränderliche Gravitationskonstante wäre.

geführt haben, ist in der Lorentz-invarianten Theorie ein *Ergebnis!* — Mit diesem Ergebnis können wir den Anschluß an die Einsteinsche Gravitationstheorie wieder herstellen: Wie auch immer Uhren und Maßstäbe durch ein Gravitationsfeld geändert werden, wir können lokal die Eigenschaften aus dem Inertialsystem voraussetzen, wenn wir sie in dem gravitationsfreien Koordinatensystem betrachten. Setzen wir die dadurch gegebene Metrik für jeden Raum-Zeit-Punkt voraus, dann bekommen wir insgesamt eine Riemannsche (4-dimensionale) Geometrie, die im allgemeinen von der Minkowski-Welt abweicht.

Man bekommt auf diese Weise zunächst nur eine *lineare* Feldtheorie, in der die Feldquelle (entsprechend der Ladung in der Elektrodynamik) der Energie-Impuls-Tensor der Materie ist. Da, gemäß der „Trägheit der Energie" (vgl. III 3), auch der Energie-Impuls-Tensor des Gravitationsfelds selbst als Quelle wirkt, können wir ihn in einem nächsten Schritt berücksichtigen und erhalten ein korrigiertes Feld, dessen Energie-Impuls-Tensor wir in eine neue Gleichung einsetzen können, etc. Man kommt so in sukzessiven Näherungsschritten wieder auf die volle nichtlineare Theorie Einsteins, allerdings mit einem wichtigen Unterschied: Wir waren von einem Minkowski-Raum ausgegangen, der lokal korrigiert wurde; im großen würde der Raum immer flach und unendlich ausgedehnt bleiben. Es kämen nur solche Lösungen der Einstein-Gleichungen in Frage, die im großen einer Minkowski-Welt entsprechen. Die großartige Entdeckung Einsteins, daß endliche Weltmodelle möglich sind, würde hier „vergessen".

Was können wir anhand dieser Überlegungen zur Diskussion über Geometrie als physikalische Theorie (IV 1) sagen? — Wenn wir festlegen, daß Lichtstrahlen gerade, Maßstäbe und Uhren überall gleich sein sollen, dann kommen wir auf die Einsteinsche Beschreibung einer nichteuklidischen Geometrie. Wenn wir aber, etwa mit Lorenzen, von vornherein festsetzen, daß die Geometrie euklidisch ist, dann bekommen wir — nach den nichtlinearen Korrekturen — eine ordentliche Lorentz-invariante Feldtheorie, der gemäß allerdings Lichtstrahlen gekrümmt sind und die Länge eines Maßstabs und der Gang einer Uhr vom Raum-Zeit-Punkt abhängt. Gegen diese zweite Auffassung könnte man empirisch z. B. entscheiden durch einen Nachweis, daß der Kosmos geschlossen, also endlich ist. Ein solcher Nachweis aber ist unmöglich, wenn die heute angenommenen Beziehungen zwischen Alter und Ausdehnung der Welt stimmen: Die uns im Universum „gegenüberliegende" Stelle wäre prinzipiell nicht sichtbar, denn sie entfernte sich auch heute noch mit Überlichtgeschwindigkeit (nach allen Seiten) von uns[17] — falls die empirischen Befunde überhaupt eine positive Raumkrümmung ergeben würden, was bisher unentschieden ist.

[17] Vgl. oben, S. 52.

V. QUANTENTHEORIE

1. Die Quantenhypothese

Als Max Planck 1875 sein Physikstudium begann, sagte ihm sein Professor Jolly, das sei zwar schon eine ganz interessante Wissenschaft, aber viel Neues könne man darin nicht mehr machen. Jolly hat es nicht mehr erlebt, wie gründlich er gerade durch diesen Studenten widerlegt wurde: Im Jahr 1900 legte Planck eine Arbeit vor unter dem harmlos klingenden Titel ›Über eine Verbesserung der Wienschen Spektralgleichung‹, in deren Folge das ganze Weltbild der Physik umgestürzt wurde.

Das Problem, das Planck behandelte, sieht zunächst sehr speziell aus: Die Wiensche Spektralgleichung behandelt die Spektralverteilung eines „schwarzen Körpers", also konkret z.B. die Frage, in welchen Farben der Draht einer Glühlampe bei einer bestimmten Temperatur leuchtet. Das Problem ist deswegen von besonderem Interesse, weil einerseits die Gesetze der elektromagnetischen Strahlung (wozu Licht- und Wärmestrahlung gehören) auch damals schon gut bekannt waren, andererseits die Statistik bzw. Thermodynamik[1] dieser Strahlung auf Grund sehr allgemeiner Prinzipien genaue Aussagen erlaubt.

Planck betrachtet, um von den unbekannten Eigenschaften der Materie unabhängig zu sein, elektromagnetische Strahlung in einem Hohlraum, die im thermischen Gleichgewicht ist. Eine der Aussagen, die aus sehr allgemeinen Annahmen folgt, ist der *Gleichverteilungssatz*, der für diesen Fall besagt: Alle in dem Hohlraum möglichen stehenden Wellen aller Frequenzen (beim sichtbaren Licht alle *Farben*) haben im stationären Zustand dieselbe Energie. In der klassischen Physik führt dieser Gleichverteilungssatz zur *Ultraviolettkatastrophe* (VI 4b): In einem Hohlraum sind stehende Wellen beliebig hoher Frequenz möglich; es gilt sogar: je höher die Frequenz, desto mehr stehende Wellen gibt es von dieser Frequenz. Wenn die Energie gleichmäßig auf die stehenden Wellen verteilt werden soll, dann müßte also alle Energie in die hohen Frequenzen abwandern (vom sichtbaren Licht zum *Ultraviolett*); ein Gleichgewicht wäre gar nicht möglich.

Marx Planck hatte sich so intensiv mit der Thermodynamik der elektromagnetischen Strahlung beschäftigt, daß er besonders klar die Unausweich-

[1] Vgl. VI 5.

lichkeit der Ultraviolettkatastrophe als Folge der klassischen Theorie erkannte. Das wirklich meßbare Spektrum verhält sich allerdings ganz anders: Nur bei relativ niedrigen Frequenzen zeigt es den theoretisch erwarteten Anstieg (nach Rayleigh-Jeans), zu hohen Frequenzen hin fällt dagegen die Intensität ab, so wie es W. Wien aus anderen thermodynamischen Überlegungen abgeleitet hatte. Es gibt also zwei verschiedene Ableitungen der Spektralverteilung in der klassischen Thermodynamik, die sich widersprechen, deren jede aber einen *Teil* der wirklichen Spektralverteilung wiedergibt. Darin zeigt sich die *Unmöglichkeit der klassischen Kontinuumsphysik*; wir kommen darauf in den Abschnitten VI 4,5 über Thermodynamik zurück.

Max Planck verband die beiden richtigen Teile durch, wie er sich später erinnerte, „eine glücklich erratene Interpolationsformel", welche die gemessenen Werte sehr gut wiedergibt. Später leitete er diese Formel ab unter der Annahme, daß die Lichtenergie nicht kontinuierlich abgegeben wird, sondern in kleinen „Quanten", deren jedes, bei Licht der Frequenz ν, die Energie $h \cdot \nu$ hat (mit der Planckschen Konstante h): Die berühmte *Quantenhypothese*. Paul Ehrenfest zeigte 1911, daß eine Quantenhypothese die *einzige* Möglichkeit ist, die Ultraviolettkatastrophe zu vermeiden.

Einstein verschärfte schließlich die Quantenhypothese dahin, daß nicht nur Lichtenergie emittiert und absorbiert wird in Planckschen Quanten, sondern daß Licht überhaupt nur in solchen Quanten existiert[2]. Damit war eine alte Frage wieder aufgenommen, die eigentlich als erledigt gegolten hatte: Hat das Licht Wellen- oder Teilchennatur? — Schon die Interferenzexperimente von Young und Fresnel am Anfang des 19. Jahrhunderts hatten die Wellentheorie des Lichts bewiesen; nach der Maxwellschen Elektrodynamik wird seine Natur sehr erfolgreich als die einer elektromagnetischen Welle beschrieben — und jetzt kehrt Einstein zu der längst überholten Korpuskulartheorie zurück! Einstein wurde dazu gedrängt durch Überlegungen zur statistischen *Schwankung* im Strahlungsfeld, das erfahrungsgemäß durch die Plancksche Strahlungsformel richtig beschrieben wird: Die Größe der Schwankungen ist unvereinbar mit der Annahme, daß Licht nur Wellennatur hat; sie enthält einen Summanden, welcher der *Partikel*-Statistik entspricht und vor allem für hohe Frequenzen maßgebend ist. Licht scheint also in rätselhafter Weise beides zu sein, Welle und Teilchen. Dieser *Welle-Teilchen-Dualismus* wird uns in VIII3 noch ausführlich beschäftigen.

[2] Die ursprünglichen Planckschen Überlegungen waren, strenggenommen, logisch widersprüchlich.

2. Atomphysik

1896 entdeckte Henri Becquerel die natürliche Radioaktivität von Uran. Ernest Rutherford experimentierte intensiv mit radioaktiver Strahlung, analysierte ihren Charakter und entdeckte 1911 den *Atomkern* auf folgende Weise: Rutherfords Schüler Geiger und Marsden richteten einen α-Strahl (d.h. positiv geladene massive Teilchen) auf irgendein Material. Dieser Strahl wird durch das Material gestreut, und zwar werden — das ist das Auffällige — die meisten Teilchen fast gar nicht abgelenkt, einige wenige aber sehr stark. Rutherford erklärt diese Tatsache plausibel dadurch, daß das Atom aus einer räumlich konzentrierten Ladung und im übrigen aus leicht durchdringlichem Material besteht; er übernimmt das anschauliche Modell von Nagaoka, dem gemäß die negativ geladenen Elektronen um einen positiv geladenen Kern kreisen, etwa wie der Saturnring um den Saturn[3].

Niels Bohr, der ebenfalls an diesen Problemen arbeitete und kurz nach der Entdeckung des Atomkerns in Rutherfords Gruppe eingetreten war, erkannte schnell, daß es *hoffnungslos* ist, ein solches Atommodell aufgrund der klassischen Physik zu erklären; denn ein geladenes Teilchen, das auf einer Kreisbahn läuft, strahlt elektromagnetisch und verliert dadurch Energie, es müßte sich also auf einer Spirale dem Kern nähern — im Widerspruch zur empirisch erwiesenen Stabilität des Atoms. Wieder ist es, wie bei Planck, gerade das Durchdenken und Ernstnehmen der „alten" Theorie, das den Schritt zur neuen ermöglicht. Gerade weil Bohr so klar die Hoffnungslosigkeit des Versuchs erkennt, das Atommodell mechanisch und elektrodynamisch zu beschreiben, kann er den Schritt wagen, der ganz von diesen Theorien wegführt. Bohr knüpft hier eine Verbindung zu Plancks Quantentheorie, indem er — ebenso wie Planck *gegen* die klassische Theorie — postuliert, daß die Elektronen auf *stabilen* Bahnen umlaufen (ohne Strahlung!), die so angeordnet sind, daß beim Übergang von einer Bahn zur anderen gerade die richtigen Energiedifferenzen auftreten, die gemäß der Formel $E = h \cdot \nu$ mit den beobachteten Frequenzen im Spektrum der verschiedenen Atomarten übereinstimmen. Mit dieser Vorstellung ließen sich die beobachteten Spektren sehr gut erklären, und die Werte für die Größe des Atoms und die Ionisationsenergie[4] paßten zu dieser Vorstellung.

[3] Das Größenverhältnis Atom zu Atomkern ist etwa 10^5, also wie km zu cm, d.h. viel größer als das Verhältnis Saturnring/Saturn, sogar größer als das Verhältnis Planetensystem/Sonne.

[4] Energie, die notwendig ist, um ein Elektron abzutrennen.

Die Bohrschen Prinzipien erwiesen sich bald als fruchtbar zur Erklärung auch vieler Feinheiten der Atomspektren; insbesondere Sommerfeld zeigte sich als Meister im Ersinnen immer neuer Rezepte, bei denen die Anwendung der Bohrschen Regeln eine Erklärung der Phänomene ergab. Die Jahre bis zur Entdeckung der Quantenmechanik brachten immer neue Erfolge, verbunden mit neuen Schwierigkeiten; ich will nur zwei Themen erwähnen, die in der Diskussion wichtig blieben, nämlich das Korrespondenzprinzip und den Stern-Gerlach-Versuch:

Das *Korrespondenzprinzip* Bohrs ist eigentlich eine selbstverständliche Konsistenzforderung: Da, wo die klassische Physik sich bewährt, soll die quantentheoretische Beschreibung (praktisch) dasselbe ergeben wie die klassische. So benutzt z.B. Bohr schon in seiner ersten Abhandlung über das Atommodell eine Überlegung, wie das Elektron strahlt, wenn es auf einer großen Bahn den Atomkern umläuft; in diesem Grenzfall muß die quantentheoretisch errechnete Strahlung mit der klassischen übereinstimmen. — Das Korrespondenzprinzip erwies sich, auch nach der Entdeckung der Quantenmechanik, als außerordentlich fruchtbarer heuristischer Leitfaden.

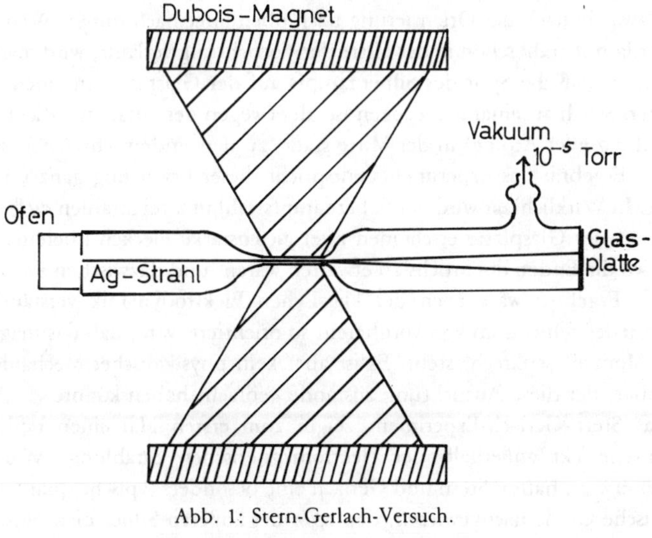

Abb. 1: Stern-Gerlach-Versuch.

O. *Stern* und W. *Gerlach* haben 1921/22 ein Experiment entwickelt, das die Eigenheiten der Quantentheorie in besonderer Weise verdeutlicht. Man stelle sich ein großes Vakuum-Gefäß vor, an dessen einem Ende, in einem Ofen, ein Strahl von Silberatomen (Silberdampf) erzeugt wird (Abb. 1).

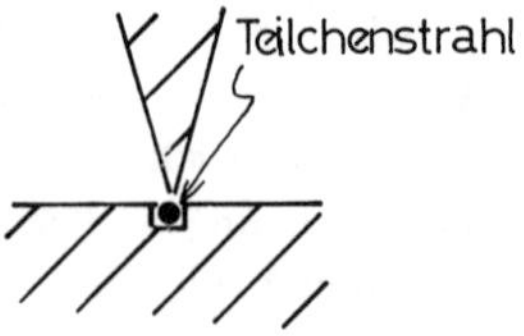

Abb. 2: Querschnitt durch die Polschuhe des Du-Bois-Magneten. An der scharfen Kante des oberen Polschuhs ist das Magnetfeld sehr stark und nimmt zu dem breiten (unteren) Polschuh rasch ab.

Dieser Strahl geht durch ein sehr inhomogenes Magnetfeld — erzeugt etwa an Polschuhen, die geformt sind wie Abb. 2 zeigt —, und trifft dann auf eine Glasplatte.

Ein Silberatom hat ein geringes magnetisches Moment und wird daher im inhomogenen Magnetfeld aus der Bahn gelenkt. Klassisch muß man folgendes erwarten: Diejenigen Silberatome, deren magnetisches Moment zufällig in Richtung des Strahls orientiert ist, werden gar nicht abgelenkt; die übrigen werden um so mehr abgelenkt, je mehr das magnetische Moment quer zur Flugrichtung auf die Kante des Polschuhs zu gerichtet ist (senkrecht), und zwar je nach der Orientierung nach oben oder nach unten. Wenn der Silberdampfstrahl schön in der Mitte der Vorrichtung verläuft, wird man also erwarten, daß die Spur des Silberdampfs auf der Glasplatte in einen senkrechten Strich auseinandergezogen ist, der (wegen der zufälligen Richtungsverteilung aller Atome) in der Mitte stark, zu den Enden schwächer ist.

Das Ergebnis des Experiments entspricht dieser Erwartung ganz und gar nicht. In Wirklichkeit wird der Silberdampfstrahl in zwei Strahlen *aufgespalten*; auf der Glasplatte erscheinen zwei gleichstarke Flecken übereinander, dort wo die Enden des Strichs zu erwarten waren, und dazwischen *nichts*. — Dieses Ergebnis wäre nach der klassischen Elektrodynamik verständlich, wenn jedes Silberatom von vornherein so orientiert wäre, daß das magnetische Moment senkrecht steht. Es ist aber kein physikalischer Mechanismus denkbar, der diese Ausrichtung zustande gebracht haben könnte.

Das Stern-Gerlach-Experiment zeigte zum ersten Mal einen typischen Quanteneffekt außerhalb der elektromagnetischen Strahlung. Wie sich später erwies, hatten Stern und Gerlach eine besonders typische quantenmechanische Größe nachgewiesen, den *Spin* des äußeren Silber-Elektrons. Der Elektronenspin ist eine Größe, bei der immer nur *zwei* mögliche Werte unterschieden werden können, allerdings auf verschiedene Weise (etwa bei verschiedenen Stellungen des Magneten, um den Silberdampfstrahl gedreht). Dieses „Nebeneinander" von *unverträglichen* Größen wird sich als Charakteristikum der Quantenmechanik erweisen. Daß mit dem Elektronenspin ein magnetisches Moment oder ein Drehimpuls verbunden ist (Einstein — de Haas), erscheint unter diesem Gesichtspunkt nur als Dreingabe.

3. Quantenmechanik

Louis de Broglie übertrug 1923 den merkwürdigen Doppelcharakter des Lichts auf das Elektron: So wie das Licht Wellen- und Teilcheneigenschaften zu haben scheint, könnte doch auch das Elektron, neben dem bisher vor allem festgestellten Teilchencharakter, Welleneigenschaften haben. Mit dieser Annahme deutete de Broglie die stabilen diskreten Bahnen der Elektronen als stehende Wellen um den Kern herum. An einem ebenen Modell kann man sich plausibel machen, daß nur bestimmte Bahndurchmesser mit einer Wellenlänge kombinierbar sind, wenn ein geschlossener Wellenzug entstehen soll: Es muß immer eine ganze Zahl von Wellen auf den Umfang passen.

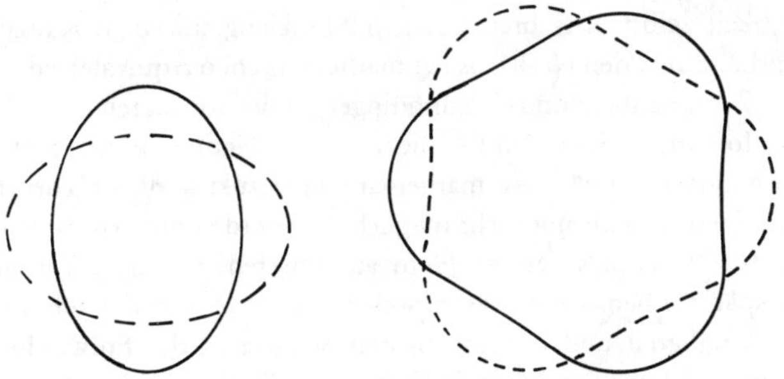

Abb. 3: Geschlossen stehende Wellen in der Ebene.

L. de Broglie kombinierte die relativistische Beziehung zwischen Energie und Ruhmasse (vgl. III 3), $E = m\,c^2$, mit der Quantenhypothese $E = h \cdot \nu$ und kam so zu einer allgemeinen Vorstellung über die Wellennatur von Elektronen. Etwa gleichzeitig zeigten sich auch experimentell Wellenphänomene an Elektronen, endgültig bewiesen 1927 von Davisson and Germer: Davisson und seine Mitarbeiter fanden bei der Reflexion von Elektronen an Metallen Intensitäts-Verteilungen, welche für Partikel ganz unerklärlich waren, aber große Ähnlichkeit mit Verteilungen bei der Reflexion von Röntgenstrahlung hatten. — Erwin Schrödinger führte diesen Ansatz fort, indem er schließlich eine allgemeine Wellengleichung angab für komplexe Wellenfunktionen, die im Prinzip alle Teilchen beschreiben können.

Kurz vor der Veröffentlichung von Schrödingers Theorie hatte Heisenberg eine ganz andere Theorie vorgelegt, welche — nach Ergänzungen durch

M. Born, W. Pauli, P. Jordan und P. Dirac — auf einen Schlag Licht und Ordnung in das vorher dicht verwucherte Dickicht von Quantisierungsregeln und -künsten brachte, das sich aus der Quantenhypothese und dem Atommodell entwickelt hatte[5]. Heisenberg war motiviert durch die Kombination einer „platonischen" Suche nach Ordnung und Schönheit in der Natur mit dem „positivistischen" Postulat, daß nur beobachtbare Größen in einer Theorie vorkommen sollten, und nicht „metaphysische" Modelle. Da die Vorstellungen von auf Kreisbahnen umlaufenden Elektronen so gar nicht mit vielen Experimenten übereinstimmen wollten, und da sich zudem solche Bewegungen der Elektronen nicht direkt nachweisen ließen, war er bereit, auf diese Vorstellungen zu verzichten und statt dessen nur die beobachtbare Strahlung zu behandeln. Er entwickelte für die beobachtbaren Größen eine neue Mathematik, von der andere bald sahen, daß es die bekannte Mathematik der Matrizen ist.

Schließlich wurde die Quantenmechanik in den beiden folgenden Jahren vollendet 1. durch die „statistische Interpretation", die Max Born formulierte: „Die Bewegung der Partikel folgt Wahrscheinlichkeitsgesetzen, die Wahrscheinlichkeit selbst aber breitet sich im Einklang mit dem Kausalgesetz aus", und 2. durch den Nachweis der mathematischen Äquivalenz der Theorien von W. Heisenberg und E. Schrödinger, in der abstrakten Formulierung durch P. Jordan, P. Dirac und schließlich J. v. Neumann als „Statistische Transformationstheorie". Die mathematische Struktur dieser Theorie hier zu beschreiben, scheint mir nicht möglich. Ich werde unten (Kap. VIII) versuchen, die "Essentials" zu schildern aus unserem heutigen Verständnis, 50 Jahre später. Ebenso würde es zu weit führen, hier die Wurzeln im Denken der Beteiligten und die historischen Schritte in der Entwicklung der Theorie zu schildern. Das ist ein faszinierendes Thema, zu dem es gute Literatur gibt[6].

Ein historischer Hinweis ist vielleicht auch für die philosophischen Fragen von Interesse: Zwei Formen der Quantenmechanik sind fast gleichzeitig entdeckt worden, auf der einen Seite die Wellenmechanik von de Broglie und Schrödinger, unter aktiver Beteiligung Einsteins, auf der anderen Seite Heisenbergs Matrizenmechanik, hervorgegangen aus Bohrs Kopenhagener Schule,

[5] Einstein schreibt dazu an Paul Ehrenfest: „Heisenberg hat ein großes Quantenei gelegt" (20. 9. 25).

[6] Bemerkenswert sind vor allem die beiden gründlichen Monographien von M. Jammer (1966 und 1974), die allerdings Kenntnisse in Physik voraussetzen. Ohne solche Kenntnisse lesbar und lesenswert sind die Dialog-Erinnerungen von W. Heisenberg (1969), die Bohr-Biographie von Ruth Moore (1970), die kleinen rororo-Bildmonographien ›Heisenberg‹ und ›Planck‹, sowie ›Die Jahrhundertwissenschaft‹ von A. Hermann, die Erinnerungen aller übrigen Beteiligten, so z. B. auch der Briefwechsel zwischen A. Einstein und M. Born.

fortgeführt durch W. Pauli, M. Born, P. Jordan, P. Dirac, J. v. Neumann und weiteren. Die Wellenmechanik bleibt auf eher konventionellen Wegen, sie ist angelegt als Theorie eines komplexen Felds im Raum, analog zum elektromagnetischen oder Gravitations-Feld. Die Matrizenmechanik war dagegen von vornherein als etwas ganz Neues angelegt, ihre Autoren waren überzeugt, daß man mit den Begriffen der klassischen Physik die neuen Erscheinungen nicht verstehen kann. Entsprechend gibt es bis heute zwei große Gruppen von Interpreten der Quantenmechanik: Diejenigen, welche wie Bohr und die „Kopenhagener Schule" die Änderungen an der klassischen Physik begrüßten und von der Quantenmechanik als physikalischer Theorie befriedigt waren, und auf der anderen Seite diejenigen, wie de Broglie, Einstein und Schrödinger, die mit der Quantenmechanik ganz unzufrieden waren, sofern sie nicht ein objektives Bild einer Wirklichkeit an sich liefert, so wie die klassische Physik es tut[7]. Erstaunlich ist, daß die so verschiedenen Theorien, die aus den beiden ganz verschiedenen Grundhaltungen heraus entwickelt worden sind, sich als mathematisch gleich strukturiert („isomorph") erwiesen haben; dahinter muß doch eine sehr allgemeine, einfache Grundstruktur stecken.

Zunächst wollen wir die Art der Neuerungen in der Quantenmechanik an zwei Begriffen andeuten, die von Bohr und Heisenberg im Anschluß an ihre Diskussionen im Jahr 1927 eingeführt wurden: *Unbestimmtheit* und *Komplementarität*.

Heisenberg zeigt in einem Aufsatz, den er in Kopenhagen unter dem Einfluß seiner Diskussionen mit Bohr geschrieben hat, daß bei einem Elektron nicht der Ort und der Impuls *zugleich* scharfe Werte haben können, sondern daß das Produkt der beiden „Ungenauigkeiten" die berühmte Ungleichung erfüllt:

$$\Delta p \cdot \Delta q \gtrsim h/4\pi .$$

Dabei ist Δp die mittlere Streuung, die bei Impulsmessungen auftreten würde, entsprechend Δq für Ortsmessungen, und h ist die Plancksche Konstante („Wirkungsquantum"). Bei der Formulierung dieser Unschärfe- oder Unbestimmtheitsrelation muß man darauf achten, was wirklich behauptet wird. Es ist irreführend, als Behauptung zu zitieren, nach der Quantenmechanik könne man Ort und Impuls eines Elektrons nicht *messen* — denn das legt erstens nahe, das Elektron *hätte* doch an sich Ort und Impuls, und zweitens ist es in bestimmten Interpretationen falsch[8]. Heisenberg argumentiert

[7] Einen Höhepunkt dieser Auseinandersetzung bildet die Diskussion zwischen A. Einstein und N. Bohr, abgedruckt in dem Einstein-Band von P. A. Schilpp und in N. Bohr (1958). Vgl. auch B. Hoffmann/H. Dukas.

[8] Popper (1935) gibt ein Gedankenexperiment an, das man eine Messung von Ort und Impuls für die gleiche Zeit nennen kann. Allerdings legt diese Messung keinen *Zustand* des Elektrons fest, bei dem Ort und Impuls definiert wären.

vielmehr so: Nach der Quantenmechanik gibt es keinen *Zustand* eines Elektrons, in dem es zugleich scharfen Ort und Impuls hat, sondern die Wahrscheinlichkeit für die verschiedenen Meßergebnisse genügt immer der obigen Ungleichung. Dies ist eine Aussage über die *Theorie*; von Messung ist dabei nur insofern die Rede, als unterstellt wird, daß die Theorie richtig ist und die Meßergebnisse entsprechend der Theorie herauskommen. Die weitere Argumentation Heisenbergs ist erst die Reaktion auf Einwände, die etwa lauten: „Man kann doch den Ort ebenso wie den Impuls (fast) beliebig genau messen; wie ist das mit Ihrer Ungleichung vereinbar?" — Darauf widerlegt Heisenberg in Gedankenexperimenten verschiedene denkbare Möglichkeiten, Ort und Impuls *zugleich* so zu messen, und widerlegt damit die Meinung, daß man dem Teilchen einen *Zustand* zuordnen müßte, der seine Ungleichung verletzt[9]. Das Heisenbergsche Argument zur Messung, das gewöhnlich zitiert wird, dient also nur hilfsweise dazu, mögliche Einwände gegen die Quantenmechanik zu widerlegen. Seine eigentliche Aussage weist auf die Unmöglichkeit bestimmter Zustände gemäß der Quantenmechanik hin[10].

Bohrs Begriff der *Komplementarität* wird zwar von Physikern meistens auf Größen angewandt, die einer Unbestimmtheitsrelation unterliegen („Ort und Impuls sind komplementär"), von Bohr war dieser Begriff aber viel weiter gemeint: Er spricht von der Komplementarität zwischen Gerechtigkeit und Liebe, oder von der Komplementarität zwischen dem Benutzen und dem Definieren eines Begriffs. Bohrs Vorgehen bei der Interpretation der Quantenmechanik erweckt den Eindruck, als ob er schon lange sein Augenmerk auf komplementäre Erscheinungen gerichtet hätte und schließlich, 1927, mit großer Freude entdeckte, daß sogar die exakte und eindeutige Physik nur mit komplementären Beschreibungen zu verstehen ist. In seinem Vortrag auf dem Volta-Kongreß in Como (1927) führte er den Ausdruck „komplementär" zum erstenmal wie beiläufig ein[11]: „nach dem Wesen der Quantentheorie müssen wir uns also damit begnügen, die Raum-Zeit-Darstellung und die Forderung der Kausalität, deren Vereinigung für die klassischen Theorien kennzeichnend ist, als komplementäre, aber einander

[9] W. Heisenberg 1930.

[10] Das von Heisenberg behandelte Observablenpaar Ort/Impuls kann hier nur als Beispiel stehen; das Auftreten solcher *unverträglicher* (inkompatibler) Paare ist das eigentliche Charakteristikum der Quantenmechanik. Vgl. VIII.

[11] Dieser auch für den Laien gut lesbare Vortrag ist zuerst gedruckt worden in: Die Naturwissenschaften *16* (1928) 245, nachgedruckt in: N. Bohr 1931, A. Hermann 1963, und auf englisch in: N. Bohr 1961; vgl. zur Ausführung auch die weiteren Aufsatz-Bände 1958 und 1963 sowie die gründliche Analyse von K.-M. Meyer-Abich (1965). Vgl. auch M. Drieschner 1979.

ausschließende Züge der Beschreibung des Inhalts der Erfahrung aufzufassen, die die Idealisation der Beobachtungs- bzw. Definitionsmöglichkeiten symbolisieren." Und etwas später: „In der Tat handelt es sich hier nicht um einander widersprechende, sondern um komplementäre Auffassungen der Erscheinungen, die erst zusammen eine naturgemäße Verallgemeinerung der klassischen Beschreibungsweise darbieten." — Bohr sieht also das Neue an der Quantenmechanik darin, daß die Beschreibung nur *entweder* den Raum-Zeit-Aspekt erfassen kann *oder* die Kausalerklärung. Jedes von beiden kann phänomenal erfaßt werden (in einer Messung); sie können aber nicht beide zugleich Phänomen werden, wie in der klassischen Physik, obwohl sie auch in der Quantenmechanik zusammengehören. Hier kann man auch den Zusammenhang mit Heisenbergs Anliegen erkennen: Faßt man die Observable „Ort" als Repräsentanten der Raum-Zeit-Beschreibung auf und die Observable „Impuls" als Repräsentanten für den Gesichtspunkt der Kausalität, dann ist die Unbestimmtheitsrelation zwischen diesen Observablen formaler Ausdruck der Komplementarität der beiden Beschreibungsweisen.

Wir wollen in den beiden folgenden Kapiteln den Charakter von physikalischer Theorie noch näher analysieren. Mit den dadurch gewonnenen Einsichten wollen wir dann in Kap. VIII noch einmal die Quantenmechanik, so wie wir sie heute verstehen, und ihre Interpretationsprobleme betrachten.

VI. WAHRSCHEINLICHKEIT

Die Auseinandersetzung um die Grundlagen der Quantenmechanik geht zu einem großen Teil um den Sinn und Zweck von Naturwissenschaft. Die Diskussion zwischen Bohr und Einstein ist dafür ein Paradefall: Bohr war sehr zufrieden, daß die Quantenmechanik im Rahmen der exakten Naturwissenschaft die Struktur von Individualität und Komplementarität zeigte, die er auch anderswo fand, und dabei noch die vorher anscheinend unlösbaren Probleme der physikalischen Theorie löste. Für Einstein dagegen war die neue Theorie unbefriedigend, „unvollständig", wie er sich schließlich in der zusammen mit Podolsky und Rosen verfaßten Arbeit ausdrückte. Nach Einsteins Meinung muß eine physikalische Theorie zu jedem *Element der Wirklichkeit* (soweit es Gegenstand der Theorie sein kann) eine Entsprechung enthalten, und gerade das tut die Quantenmechanik nicht — wir kommen in Kap. VIII3f auf diese Frage unter dem Kürzel „EPR" zurück.

Der fundamentale Dissens zwischen Einstein und Bohr — der in verschiedenen Einkleidungen immer wieder unter Interessierten diskutiert wird — geht also darum, was überhaupt von einer Theorie der Wirklichkeit erwartet werden kann. Wir diskutieren dieses Problem auch im Hinblick auf den Gedanken einer Physik a priori, den wir unten (VII 3) aufgreifen wollen. Zunächst wird uns die Erörterung zu den Fragen der Grundlagen der Wahrscheinlichkeitsrechnung führen[1]. Wir wollen dabei an den Gebrauch anknüpfen, den Praktiker ganz problemlos vom Begriff Wahrscheinlichkeit machen, indem sie Wahrscheinlichkeit als *vorausgesagte relative Häufigkeit* verstehen. Die Probleme mit den Grundlagen der Wahrscheinlichkeitstheorie tauchen erst auf, wenn man versucht, den Sinn dieser Interpretation (oder Definition) zu *präzisieren*.

1. Voraussage

Fundamental an dieser Interpretation ist die Einführung der *Voraussage*. Hier scheiden sich aber schon die Geister: Zwar würde wohl kein Fachmann bestreiten, daß Naturwissenschaft *auch* zur Voraussage taugt; in der Technik wird sie ja sehr erfolgreich gerade dazu benutzt. Aber ein ordentlicher „rei-

[1] Zur Ergänzung verweise ich auf die ausführliche Diskussion in meinem Buch von 1979, Kap. IV.

ner" Wissenschaftler wird betonen, daß die „Anwendung" für Voraussagen zwar ein nicht unwichtiger Nebeneffekt sei, daß aber eigentlich der Sinn der Naturwissenschaft die Aufklärung der Strukturen sei, die in den Naturgesetzen *zeitlos* vorhanden seien, unabhängig von so etwas Subjektiv-Zeitlichem wie Voraussagen[2]. (Da sind wir wieder in der Debatte über Sinn und Zweck der Naturwissenschaft.) Gegen diese Auffassung macht z. B. C. F. v. Weizsäcker darauf aufmerksam, daß schon der Begriff „Erfahrungswissenschaft" die zeitliche Struktur impliziert: Erfahrung macht man, indem man aus der *Vergangenheit* für die *Zukunft* lernt. — Die Form jedes Naturgesetzes enthält diese zeitliche Struktur: „Unter den und den Bedingungen *wird* dies und jenes eintreten", oder „nach der Präparation X *wird* man das Meßergebnis Y feststellen können". Ganz unvermeidlich erscheint dieser zeitliche Aspekt, von wo aus wir auch immer eine Theorie betrachten: Die *Allgemeinheit* der Naturgesetze erfordert ihre Gültigkeit für alle Zeiten, insbesondere auch für die Zukunft — wir haben das oben (Kap. II) an Hand des Humeschen Problems erörtert. Wir können sogar an dem scheinbar ganz entgegengesetzten Aspekt der *Objektivität* die Notwendigkeit von Voraussagen zeigen. Denn man meint doch mit einer „objektiven" Beschreibung eine solche, die unbeeinflußt ist von persönlichen, „subjektiven" Interessen und Vorurteilen, eine, die im Prinzip jedermann nachprüfen kann. Da haben wir es schon: *nach*prüfen kann man nur hinterher, *nach*dem die Beschreibung gegeben worden ist. Jede objektive Beschreibung von Wirklichkeit muß also eine *Voraussage* dessen sein, was einer finden wird, wenn er nachprüft; eine *allgemeine* objektive Beschreibung (der *Struktur* von Wirklichkeit) hat also immer die Form des Naturgesetzes, wie oben angegeben. Bei näherer Betrachtung scheint also die Voraussagemöglichkeit fundamental für Naturwissenschaft. Allerdings kann die Theorie nur *Gesetze* für Voraussagen enthalten, also immer-gültige Aussagen. Die Erfahrungswissenschaft muß demnach beides zusammen enthalten: Die Struktur von Vergangenheit, Gegenwart und Zukunft in ihrer Beziehung zur *Erfahrung*, und zugleich die Allgemeingültigkeit, die keine bestimmte Gegenwart auszeichnet, in ihrer Eigenschaft als *Wissenschaft*. Auf den zweiten Aspekt hat man vorwiegend den Blick gerichtet, in gerechter Bewunderung der zeitlosen Wahrheit eleganter Deduktionen, so sehr, daß der Unterschied von Vergangenheit und Zukunft schließlich als „nur subjektiv" empfunden wurde, und man versuchte, nachträglich diesen Unterschied aus der Physik abzuleiten. Es gibt eine lange Tradition von Versuchen, aus der statistischen Thermodynamik abzuleiten, wie die „Zeitrichtung" zustande kommt[3]. In der statistischen Thermodynamik näm-

[2] Vgl. G. Ludwig 1974, Bd. I.
[3] Vgl. L. Boltzmann, A. Grünbaum

lich gelingt das Merkwürdige, daß aus der klassischen Mechanik, die reversibel[4] ist, die irreversible Thermodynamik *abgeleitet* wird. Der Unterschied von Vergangenheit und Zukunft kommt also, ohne daß man genau sieht, wie, durch statistische Überlegungen in die Theorien hinein. Dieser Zusammenhang erzeugt den Eindruck, als ob „an sich" Vergangenheit und Zukunft vertauschbar seien und der Eindruck ihres Unterschieds (der sog. „Zeitrichtung") erst durch das subjektive Nichtwissen erzeugt würde, das die Anwendung von Statistik erfordert. Man kann aber leicht sehen, daß der Eindruck, „aus nichts" entstünde der Unterschied von Vergangenheit und Zukunft, falsch ist: In Wirklichkeit kann man den 2. Hauptsatz der Thermodynamik, den Satz von der Irreversibilität, nur ableiten, wenn man den Unterschied von Vergangenheit und Zukunft *voraussetzt*[5]. Wir bemerken gewöhnlich nicht einmal, daß wir diese Voraussetzung machen; denn die Benutzung von Wahrscheinlichkeiten für *Prognosen* erscheint uns ganz selbstverständlich.

Wir werden auf die Argumente unten zurückkommen, wollen aber zunächst den systematischen Weg weitergehen und fragen: Wie können empirisch prüfbare Voraussagen aussehen?

2. Voraussage relativer Häufigkeit

Die Voraussage für ein bestimmtes Ereignis kann beinhalten, daß dies Ereignis eintreten wird, oder auch, daß es nicht eintreten wird; es gibt zwei Möglichkeiten: ja oder nein. Man kann sich klarmachen, daß sich darüber hinaus auch die Voraussage „manchmal ja, manchmal nein" empirisch prüfbar präzisieren läßt, nämlich als Voraussage der *relativen Häufigkeit* von „ja".

Diese Voraussagen unterscheiden sich von den „einfachen" dadurch, daß sie im konkreten Fall nicht exakt bestätigt werden. Wie man leicht sieht, *kann* die Voraussage einer relativen Häufigkeit (außer 0 und 1) gar nicht in

[4] Eine Theorie heißt *reversibel*, wenn mit jedem nach der Theorie möglichen Ablauf auch der umgekehrte Ablauf nach der Theorie möglich ist. Z. B. wäre nach der Newtonschen Theorie auch eine Planetenbewegung möglich, in der alle Planeten andersherum laufen: es würden sich, alle Störungen eingeschlossen, genau dieselben Konstellationen ergeben, nur in umgekehrter Reihenfolge. In diesem Sinn sind z. B. klassische Mechanik und Elektrodynamik reversibel, die Thermodynamik dagegen ist es nicht *(„irreversibel")*: In jedem abgeschlossenen System werden Temperaturunterschiede sich ausgleichen, aber nicht „von selbst" entstehen; der Kaffee wird von selbst in der Tasse kalt, aber nicht von selbst wärmer als seine Umgebung.

[5] C. F. v. Weizsäcker 1939; vgl. auch M. Drieschner 1979.

jedem Fall exakt bestätigt werden, weil in einem konkreten Kollektiv von N Versuchen die relative Häufigkeit des Ergebnisses x nur einer der Brüche n/N sein kann (n = 0,1,...,N): Wenn wir z.B. neunmal einen Würfel werfen, dann kann die relative Häufigkeit der Fünf 0,1/9, 2/9,...8/9 oder 1 sein; andere Zahlen sind nicht möglich. Die relative Häufigkeit 1/6, die wir für einen „guten" Würfel vorhersagen würden, kann bei 9 Würfen nicht exakt auftreten. Trotzdem weiß man recht genau Bescheid über solche „ungefähr" vorausgesagten relativen Häufigkeiten, nach folgender Überlegung: *Vorausgesagte* Häufigkeiten, auch wenn sie nicht exakt eintreten, hängen so zusammen, wie Häufigkeiten überhaupt miteinander zusammenhängen. Nehmen wir z.B. an, es wäre für einen (gefälschten) Würfel die relative Häufigkeit einer Sechs als 2/9 vorausgesagt, die einer Eins als 1/9, die der übrigen Augenzahlen als je 1/6; dann wird *damit* vorausgesagt, daß die relative Häufigkeit einer geraden Zahl 5/9, die einer ungeraden Zahl 4/9 sein wird. Nichts anderes formulieren die Grundregeln der Wahrscheinlichkeitsrechnung: Sie geben triviale Zusammenhänge zwischen relativen Häufigkeiten an. Die wirklich gefundenen Ergebnisse erfüllen die Voraussagen nur ungefähr; und zwar erfüllen sie alle Häufigkeitsvoraussagen, die miteinander zusammenhängen, gleichmäßig ungenau. Der Zusammenhang zwischen den empirischen relativen Häufigkeiten folgt aber wieder exakt den Regeln.

Lassen Sie mich hier ein Wort über den Unterschied zwischen „objektiver" und „subjektiver" Wahrscheinlichkeit einschieben: Unsere Interpretation der Wahrscheinlichkeit als *vorausgesagte* relative Häufigkeit läßt sich nicht auf Anhieb der subjektiven oder der objektiven Auffassung zuordnen: Voraussage wird gewöhnlich als etwas Subjektives angesehen; wir haben andererseits oben Gründe erörtert, daß sie zum Fundament jeder objektiven Theorie gehört. — Bei näherer Betrachtung unterscheiden sich aber die beiden Auffassungen nicht so sehr, wie der lange Streit zwischen ihren Verfechtern vermuten läßt. Es ist in vielen Fällen möglich, das Subjektive an der subjektiven Wahrscheinlichkeit darin zu sehen, daß es sich um die subjektive Schätzung eines Theoretikers für die künftige relative Häufigkeit handelt[6]; die Vertreter der objektiven Richtung betonen dagegen, daß für die vorausschätzbare relative Häufigkeit eine objektive Eigenschaft des betrachteten Experiments verantwortlich sein muß, eine mehr oder weniger starke „Neigung"[7] zu einem bestimmten Ergebnis. Die subjektive Interpretation ist erst eingeführt worden als Folge einer Resignation gegenüber den Problemen, die entstehen,

[6] E. T. Jaynes (1959, 1973) gibt allerdings eine Theorie für subjektive Plausibilität an, die von relativer Häufigkeit ganz unabhängig ist. Sie gleicht der Wahrscheinlichkeitstheorie nur dann, wenn man bestimmte Annahmen willkürlich macht.

[7] "Propensity", nach K. Popper 1957.

wenn man die objektive Wahrscheinlichkeit als Eigenschaft von Objekten auffaßt; denn diese merkwürdige Eigenschaft läßt sich, wie wir gesehen haben, prinzipiell nicht genau messen.

Wir wollen über diesen merkwürdigen Umstand nicht verzweifeln, denn darin unterscheidet sich die Wahrscheinlichkeit nicht von anderen meßbaren Größen: *Keine* Größe läßt sich exakt messen. Nur ist bei der Wahrscheinlichkeit die Unschärfe schon im Begriff der Meßgröße selbst enthalten, sie läßt sich aus der Wahrscheinlichkeit selbst errechnen.

Da dieser elementare Zusammenhang ganz entscheidend ist für das Verständnis des Wahrscheinlichkeitsbegriffs, sei er hier näher ausgeführt. Nehmen wir an, ein Experiment, in dem das Ergebnis E die Wahrscheinlichkeit w hat, sei in einer Versuchsreihe N-mal gemacht worden. (Die Wahrscheinlichkeit, daß E nicht eintritt, ist $[1 - w]$.) Ein mögliches Ergebnis dieser Versuchsreihe wäre, daß bei den ersten n Versuchen das Ergebnis E eingetreten ist, bei allen weiteren $(N - n)$ Versuchen nicht mehr (also das Ergebnis $\neg E$). Die einzelnen Versuche sollen statistisch unabhängig sein. Dann gilt die Produktregel der Wahrscheinlichkeitsrechnung: Die Gesamtwahrscheinlichkeit ist das Produkt aller Einzelwahrscheinlichkeiten, also $w^n \cdot (1 - w)^{(N - n)}$. — Bei diesem Ergebnis der Versuchsreihe ist die relative Häufigkeit des Ergebnisses E n/N. Aber auch bei anderen Ergebnissen der Versuchsreihe ist die relative Häufigkeit von E n/N, wenn nämlich die Ergebnisse E und $\neg E$ in anderer Reihenfolge auftreten. Die Zahl der Möglichkeiten, n Ergebnisse E auf eine Reihe von N Versuchen zu verteilen, heißt $\binom{N}{n}$ („n unter N"; bekanntlich gilt $\binom{N}{n} = \frac{N!}{n!\,(N - n)!}$). Nach der Summenregel ist also die Wahrscheinlichkeit, daß unter den N Versuchen n das Ergebnis E haben

$$w\left(E^N_n\right) = \binom{N}{n} \cdot w^n \cdot (1 - w)^{N - n}.$$

Mit diesen Wahrscheinlichkeiten können wir den *Erwartungswert* und die *Streuung* der *relativen Häufigkeit* berechnen. Der Erwartungswert E(X) einer Größe X ist der vorausgesagte Mittelwert, entsprechend der vorausgesagten Häufigkeit (= Wahrscheinlichkeit) der Einzelwerte x_i dieser Größe:

$$E(X) = \sum_i x_i \cdot w(x_i).$$

Die Frage nach dem Erwartungswert der relativen Häufigkeit sieht zunächst zirkelhaft aus. Sie ist es aber nicht, denn das Einzelereignis ist hier die Versuchs*reihe* von N Versuchen; die Größe, deren Erwartungswert untersucht wird, ist die Zahl der Ergebnisse E in *einer* Versuchsreihe[8]. Es stellt sich heraus, daß der Erwartungswert der relativen Häufigkeit die *Wahrscheinlichkeit* des Ereignisses E ist:

$$E\left(\frac{n}{N}\right) = \sum_{n=0}^{N} \frac{n}{N} \cdot w\left(E^N_n\right) = w(E);$$

wie man leicht nachrechnen kann. Wir erhalten damit einen Nachweis der Konsistenz unserer ganzen Überlegungen: Zwar trifft die vorausgesagte relative Häufigkeit im

[8] Vgl. C. F. v. Weizsäcker 1971.

Einzelfall nur ungenau ein; aber im Mittel — so die Voraussage — wird die relative Häufigkeit gleich der Wahrscheinlichkeit sein. Wir können also mit C. F. von Weizsäcker die Wahrscheinlichkeit erklären als *Erwartungswert* der relativen Häufigkeit.

Entsprechend kann man auch die *Streuung* der relativen Häufigkeit ausrechnen, also den Erwartungswert für das Quadrat der *Abweichung* der einzelnen relativen Häufigkeit von der Wahrscheinlichkeit:

$$\sigma^2 = E\left(\left(w - \frac{n}{N}\right)^2\right).$$

Es gibt sich die bekannte Formel

$$\sigma = (1/\sqrt{N}) \cdot \sqrt{w \cdot (1 - w)};$$

die Streuung wird (mit $1/\sqrt{N}$) geringer, wenn die Versuchsreihe länger wird, und sie ist um so geringer, je näher w an 1 oder 0 ist.

Wir können also, aus der Wahrscheinlichkeit eines Ereignisses E allein, die Wahrscheinlichkeit dafür ausrechnen, daß es n-mal bei N Versuchen auftritt, für alle n zwischen 0 und N. Diese Wahrscheinlichkeit ist wieder eine vorausgesagte relative Häufigkeit, diesmal für zusammengesetzte Ereignisse. Sie ist eine Prognose für viele Reihen von je N Versuchen, nämlich dafür, welcher Anteil dieser Versuchsreihen gerade je n-mal das Ereignis E enthalten wird. Diese allgemeine Prognose kann wiederum nur *ungefähr* gelten. Wer es genauer wissen will, kann wie oben die Wahrscheinlichkeit berechnen, daß in einem Kollektiv von M Versuchsreihen (mit je N Versuchen) gerade m sind, die je n-mal das Ereignis E enthalten. Diese Wahrscheinlichkeit ist wiederum eine vorausgesagte relative Häufigkeit, die sich wie oben präzisieren läßt in Kollektiven der nächsten Stufe, etc.; man kann beliebig so fortfahren. Für den praktischen Gebrauch genügt aber der Präzisierungsschritt auf die zweite, allenfalls die dritte Stufe, denn dann kann man die möglichen Ergebnisse der nächsten Stufe so zusammenfassen, daß nur Wahrscheinlichkeiten sehr nahe an Null oder Eins auftreten, die man als „praktisch sicher" bzw. „praktisch unmöglich" behandeln kann.

Damit ist der Begriff der Wahrscheinlichkeit mit seiner merkwürdigen Stufenstruktur vollständig beschrieben. Exaktere Voraussagen relativer Häufigkeit sind, dem Begriff solcher Voraussagen gemäß, unmöglich[9].

[9] Vgl. die ausführliche Behandlung dieser Fragen in M. Drieschner 1979, Kap. IV.

3. Fragen

a) Begriff von Wahrscheinlichkeit

Wir müssen nun versuchen, sorgfältig die verschiedenen Fragen auseinanderzuhalten, die man zu den Grundlagen der Wahrscheinlichkeitstheorie stellen kann: Wir haben oben nach dem *Begriff* der Wahrscheinlichkeit gefragt und dafür die Erklärung: „Vorausgesagte relative Häufigkeit" angeboten. Das bedeutet aber nicht, daß sich *jeder* Begriff von Wahrscheinlichkeit so erklären läßt. Wir haben schon auf die Arbeiten von E. T. Jaynes hingewiesen, dessen Wahrscheinlichkeitsbegriff ganz andere Ursprünge hat. Auch andere Vertreter eines subjektiven Wahrscheinlichkeitsbegriffs, wie z. B. de Finetti, werden sich selbst nicht in solcher Nähe zu unserer Auffassung sehen, wie wir es oben dargestellt haben. Wir haben unseren Wahrscheinlichkeitsbegriff ja auch nicht als allgemeine Erklärung für alle anderen eingeführt, sondern wir haben zunächst nach den allgemeinsten empirisch prüfbaren Voraussagen gefragt, und dann erst festgestellt (jedenfalls *systematisch* später), daß diese Voraussagen den Regeln der Wahrscheinlichkeitsrechnung genügen. Ich bin darüber hinaus der Ansicht, daß die Erklärung als vorausgesagte Häufigkeit genau den Gebrauch des Begriffes „Wahrscheinlichkeit", in der Naturwissenschaft wiedergibt. Aber das ist nicht Teil des Arguments, sondern wir brauchen systematisch *nur* von vorausgesagter relativer Häufigkeit zu sprechen. Lediglich versuchsweise will ich diese ab jetzt Wahrscheinlichkeit nennen.

b) Möglichkeit von Voraussagen relativer Häufigkeiten

Nach diesen Erklärungen zum Begriff Wahrscheinlichkeit bleiben noch viele Fragen offen, z. B. die, ob überhaupt solche Voraussagen möglich sind. Darüber sagt die Begriffserklärung nichts. Wir wissen aber aus Erfahrung, daß solche Voraussagen mit Erfolg gemacht werden. Wenn wir das *verstehen* wollen, müssen wir auf die *transzendentalen* Überlegungen zurückgreifen, die wir oben schon angedeutet haben: Wenn Erfahrung überhaupt möglich sein soll, dann muß es Gesetze für die Voraussagen geben, und wenn die Voraussagen relativer Häufigkeiten die allgemeinsten überhaupt möglichen Voraussagen sind, dann müssen *solche* Voraussagen möglich sein. Aber Erfahrung *ist* ja möglich — wenn sie nicht möglich wäre, könnten wir wohl nicht einmal die Begriffe bilden, in denen wir nach den Bedingungen der Möglichkeit von Erfahrung fragen.

c) Konkrete Zahlen für Voraussagen

Angenommen, wir sehen ein, daß Voraussagen relativer Häufigkeit möglich sind; wie kommen wir dann zu konkreten Zahlen für solche Voraussagen? — Es gibt dazu im wesentlichen zwei Verfahren, nämlich Symmetrieüberlegungen und Schlüsse aus vergangenen relativen Häufigkeiten.

α) Symmetrien

Wir haben schon oben (III 5) die hervorragende Bedeutung von Symmetrieüberlegungen für die Naturwissenschaft dargestellt. Sie können auch dazu dienen, konkret relative Häufigkeiten vorherzusagen, etwa beim Würfel: Ein guter Würfel ist so homogen im Material und so regelmäßig geschnitten, daß sich seine Seiten in keiner für das Fallen relevanten Eigenschaft unterscheiden (die aufgemalten Punkte dürfen da nichts ausmachen). Wenn dann auch noch so geworfen wird, daß keine der Seiten ausgezeichnet ist, dann wird man auch in der Voraussage keine der Seiten auszeichnen können: Das ist die Bedeutung von Symmetrie! Da die Summe der vorausgesagten relativen Häufigkeiten Eins sein muß, hat also im symmetrischen Fall (beim „unverfälschten Würfeln") jede Augenzahl die Wahrscheinlichkeit 1/6.

Diese Überlegung, in verallgemeinerter Form, steckt in der *klassischen „Definition"*: „Wahrscheinlichkeit ist das Verhältnis der Zahl der günstigen Fälle zur Zahl der möglichen Fälle", zu der Laplace (1812) kommentiert, es seien die „gleichmöglichen" Fälle gemeint. — Diese Formel hat viele Diskussionen hervorgerufen, denn eigentlich ist dies keine Definition. „Gleichmöglich" heißt doch wohl genau: gleichwahrscheinlich; d.h. die sogenannte Definition gibt an, wie man aus bekanntermaßen gleichen Wahrscheinlichkeiten weitere berechnet, und ist insofern natürlich eine nützliche Regel[10]. Daß die „gleichmöglichen" Fälle dabei eine fundamentale Rolle spielen, weist auf die selbstverständlich akzeptierte Bedeutung der Symmetrieüberlegungen hin: Hat man n gleichmögliche Fälle gefunden, wie etwa die 6 Würfelseiten, dann hat man auch die numerische Wahrscheinlichkeit, nämlich 1/n für jeden Fall.

Entsprechende Überlegungen sind praktisch überall in der modernen Physik wichtig, wenn sie auch nicht die einfache Form des Würfelbeispiels

[10] Man *kann* die klassische Definition auch in die Nähe unserer Definition rücken, wenn man die „Fälle" als Versuche in einer Versuchsreihe interpretiert. Dann wäre Wahrscheinlichkeit einfach die relative Häufigkeit der positiven Ergebnisse unter den Versuchen. Vielleicht spielten Assoziationen an diesen Zusammenhang bei der Formulierung der „Definition" eine Rolle.

haben. Aus den Symmetriegruppen errechnen sich z.B. die Clebsch-Gordan-Koeffizienten, die für Intensitäten, Streuquerschnitte etc. maßgeblich sind; sie sind nichts anderes als eine raffinierte Form der Abzählung gleichmöglicher Fälle. Die berühmte Unterscheidung zwischen Boltzmann-, Bose-Einstein- und Fermi-Dirac-Statistik ist eine Unterscheidung zwischen verschiedenen Arten, „gleichmögliche" Fälle einzuteilen.

β) Messung

Außer theoretischen Überlegungen kann auch die empirische Zählung zu Wahrscheinlichkeitsvoraussagen führen. Laplace stellte z.B. fest, daß unter allen registrierten Geburten, die ihm zugänglich waren, das Verhältnis von Knaben zu Mädchen etwa 22:21 war; für eine künftige Geburt hätte er also die Wahrscheinlichkeit, daß es ein Mädchen wird, auf 21/43 schätzen können.

Ein Problem entsteht dadurch, daß nach der Wahrscheinlichkeitstheorie selbst gewisse Schwankungen der relativen Häufigkeit um den Mittelwert zu erwarten sind, auch bei streng konstanten Versuchsbedingungen. Nehmen wir an, ich mache heute eine Prognose auf Grund der relativen Häufigkeit bei einer vergangenen Versuchsreihe; es könnte sich später herausstellen, wenn sehr viele weitere Versuche gemacht worden sind, daß die relative Häufigkeit in der ersten Versuchsreihe vom Mittel stark abgewichen war[11]. Wie wahrscheinlich ist das?

Wenn wir eine Voraussage (der relativen Häufigkeit eines Ereignisses) haben, können wir die Wahrscheinlichkeit verschiedener relativer Häufigkeiten in einem konkreten Kollektiv angeben. Jetzt ist umgekehrt gefragt, welche Voraussage die richtige wäre, bei gegebener Häufigkeit in einem konkreten Kollektiv. Wenn wir über das obige Beispiel hinausgehen wollen — in dem die relative Häufigkeit im faktischen Kollektiv als Prognose für die Zukunft verwendet wurde — dann müssen wir verschiedene *Hypothesen* für die Prognose zur Auswahl haben. Die *Bayessche* Regel gibt dann Auskunft über die Wahrscheinlichkeiten, daß die Hypothesen wahr sind.

[11] Wir können uns einfacher ausdrücken, wenn wir — wie es im Rahmen der Physik ja wohl notwendig ist — die Existenz von Naturgesetzen voraussetzen. Dann können wir nämlich annehmen, daß aus dem Naturgesetz eine bestimmte Wahrscheinlichkeit folgt („objektive" Wahrscheinlichkeit) und müssen die Möglichkeit ins Auge fassen, daß die gemessene relative Häufigkeit von dieser objektiven Wahrscheinlichkeit abweicht. Für „Subjektivisten", welche die Bayessche Formel meistens besonders lieben, ist aber eine solche Formulierung inakzeptabel.

Sei E das prognostizierte Ereignis, und seien H_1, $H_2,\ldots,H_n$ die Hypothesen, die zur Auswahl stehen; sei außerdem $w(E \mid H_i)$ die Wahrscheinlichkeit des Ereignisses E gemäß Hypothese Nr. i. Das Standardbeispiel ist eine Urne mit 10 Kugeln, die rot oder schwarz sein können. Man soll blind eine Kugel herausgreifen, ihre Farbe feststellen, und dann Wahrscheinlichkeiten für das Mischungsverhältnis von schwarz und rot angeben. Es gibt 11 verschiedene Hypothesen, H_0, $H_1,\ldots$, H_{10}, für das Mischungsverhältnis, nämlich 0,1,2,...9 bzw. 10 schwarze Kugeln; und es gibt zwei mögliche Ergebnisse, nämlich daß die gezogene Kugel rot oder schwarz ist, E_r und E_s. Die Wahrscheinlichkeit, eine schwarze Kugel zu ziehen, ist x/10, wenn x der zehn Kugeln schwarz sind, also $w(E_s \mid H_n) = \frac{n}{10}$.

Geben wir die Bayessche Regel gleich für den allgemeinen Fall: Die Wahrscheinlichkeit, daß Hypothese Nr. i die richtige ist, wenn man das Ergebnis E (E_s oder E_r) festgestellt hat, ist

$$w(H_i|E) = \frac{w(H_i)\cdot w(E|H_i)}{\sum_{j=1}^{n} w(H_j)\cdot w(E|H_j)}.$$

Das ist leicht aus den Grundgesetzen der Wahrscheinlichkeitsrechnung abzuleiten. Wie man sieht, hängt diese Wahrscheinlichkeit noch von Ausdrücken der Form $w(H_i)$ ab, der „a priori-Wahrscheinlichkeit" der Hypothese Nr. i; die Bayessche Regel gibt also nur eine Verbesserung von schon vor dem Versuch geschätzten Wahrscheinlichkeiten. Es läßt sich zeigen, daß *auf die Dauer* die Wahrscheinlichkeit, wenn sie auf Grund von empirischen Befunden immer wieder gemäß der Bayesschen Regel korrigiert wird, von den ursprünglichen „a priori-Wahrscheinlichkeiten" ganz unabhängig wird. Dabei erhält man eine Erweiterung der Möglichkeiten, wenn man als Ereignis E auch ein *Kollektiv* mit bestimmten relativen Häufigkeiten zuläßt, wie das oben (VI 2) besprochene Ereignis E_n^N: Dann ist z. B. „Zweimal rot und einmal schwarz" *ein* Ereignis[12].

Hat man keinen besonderen Grund für bestimmte a-priori-Wahrscheinlichkeiten, dann liegt es nahe, sie alle gleichzusetzen. Dann entsteht aus der Bayesschen Regel die einfachere *Likelihood*-Regel, die besagt: „Auf Grund eines Ereignisses E wird diejenige Hypothese am wahrscheinlichsten, der gemäß das Ereignis E die größte Wahrscheinlichkeit hatte." — Wenn man die Gleichwahrscheinlichkeit der Hypothesen zu Recht eingeführt hatte, etwa auf Grund von Symmetrieüberlegungen (s. oben, a), dann ist das der richtige Schluß. Wenn man die Gleichwahrscheinlichkeit nur geraten hatte, aus Mangel an besserer Information, dann kann sich der Schluß mit der Likelihood-Regel natürlich als falsch herausstellen. Hier ist also Vorsicht bei der Anwendung des „Satzes vom zureichenden Grund" geboten[13]: Es ist zwar statthaft, auf die Symmetrie unter den Möglichkeiten zu schließen,

[12] Eine sehr anregende Diskussion aller dieser Probleme gibt S. Watanabe (1969).
[13] Vgl. W. Stegmüller 1973, M. Drieschner 1979.

wenn es keinen „zureichenden Grund" für eine Unterscheidung gibt; aber es kann vorkommen, daß man einen zureichenden Grund übersieht. — *Auf die Dauer*, d.h. bei sehr vielen Anwendungen der Bayesschen Regel, wird ein solcher Irrtum aber schließlich nicht nachteilig (siehe oben).

d) Zufallsfolgen

Eine vieldiskutierte Frage will ich schließlich nur noch erwähnen, um sie von unserer Frage nach dem Begriff „Wahrscheinlichkeit" zu unterscheiden, nämlich: „Was ist Zufall?" — oder präzisiert: „Wie kann man von einer gegebenen Ereignisfolge feststellen, ob sie zufällig ist?"

Mit dieser Frage ist nicht unsere Frage nach dem *Begriff* der Wahrscheinlichkeit gemeint, aber unsere Erklärung kann vielleicht bei der Suche nach einem Kriterium der Zufälligkeit helfen. Die vorausgesagte relative Häufigkeit bezieht sich begrifflich auf das einzelne Ereignis, den begrifflich definierten Versuch; oder auch auf den Inbegriff *aller möglichen* konkreten Versuchsreihen, (das "Ensemble") — beides kommt auf dasselbe heraus; es ist jedenfalls *nicht* eine konkrete Versuchsreihe gemeint. Die Voraussage betrifft also weder die *Reihenfolge* in der konkreten Versuchsreihe noch die *Anzahl* der Versuche. Aus einer Zufallsfolge kann man daher nach beliebigen Regeln einzelne Versuche auswählen und zu neuen Folgen zusammenstellen — es werden immer wieder Zufallsfolgen sein, für welche dieselbe Voraussage gilt (natürlich nur, wenn die Auswahlregeln nicht das Versuchs*ergebnis* berücksichtigen). Diese Einsicht läßt sich zu einem Kriterium der „Zufälligkeit" ausbauen: Eine Zufallsfolge ist eine Folge von „Ergebnissen", in der sich nach keiner *Regel* die Nummern (in der Folge) lauter gleicher Ergebnisse berechnen lassen. — Eine andere, viel schwierigere Frage ist die nach einem *Verfahren*, nach dem man prüfen könnte, ob es eine solche Regel gibt. Das wird praktisch jedenfalls unentscheidbar sein, wenn es nicht sogar prinzipiell unentscheidbar ist. Es gehört, umgekehrt, zur Hohen Schule der Programmierkunst, Regeln anzugeben, nach denen ein elektronischer Rechner Zahlenfolgen mit gegebener Häufigkeitsverteilung produziert, die wie Zufallsfolgen aussehen, denen man also nicht anmerkt, daß sie eigentlich nach einer Regel hergestellt sind („Monte-Carlo-Methoden").

4. Kontinuum

Wir haben bisher nur jeweils endlich viele Ereignisse $E_1, \ldots, E_n$ unterschieden, wie bei wirklichen Messungen: jede wirkliche Messung, so genau sie auch sein mag, so kompliziert zusammengesetzt, wie man will, hat ja am

Ende nur endlich viele Möglichkeiten unterschieden; selbst alle Messungen, die in der Weltgeschichte zu irgendeiner Zeit je ausgeführt sein werden, können zusammengenommen nur endlich viele Möglichkeiten unterscheiden.

In den physikalischen Theorien gibt es dagegen meistens unendlich viele mögliche Ergebnisse, mit gutem Grund: Im Prinzip kann man immer noch weitere Möglichkeiten unterscheiden, über die schon entschiedenen hinaus; man kann dafür keine Grenzen von vornherein setzen. Ich habe oben sorgfältig im Futur exakt formuliert: Die zu jeder beliebigen Zeit faktisch *unterschiedenen* Möglichkeiten sind jeweils endlich viele — aber zu jeder beliebigen Zeit kann man auch noch weiter unterscheiden, jedenfalls soweit wir heute wissen. Wir können also keine Zahl von Möglichkeiten von vornherein als die größte angeben: Die Zahl aller Möglichkeiten ist — *potentiell* — unendlich.

Genau in diesem Sinn definiert Aristoteles das Kontinuum als etwas, das teil*bar* ist in Teile, die immer wieder geteilt werden *können*. Wir haben uns, weniger vorsichtig, daran gewöhnt, ein Kontinuum als aus Punkten bestehend anzusehen, etwa den Raum aus allen Punkten, die durch je drei reelle Zahlen zu kennzeichnen sind. Wir können hier auf die Grundlagendiskussion der Mathematik nicht eingehen[14], sondern wir wollen zwei Stellen betrachten, an denen diese unbekümmerte Auffassung vom Kontinuum in der Physik zu Schwierigkeiten führt. Deren erste betrifft allgemein die Wahrscheinlichkeitstheorie, während die zweite zur Entdeckung der Quantenmechanik geführt hat.

a) Wahrscheinlichkeitsdichte

Wir beschreiben z. B. den Zustand eines Massenpunkts als einen Punkt im *Phasenraum*, d. h. in einem sechsdimensionalen reellen Raum, mit den drei Ortskoordinaten und dazu den drei Impulskomponenten[15]. Die Punkte selbst (d. h. Sextupel von reellen Zahlen) als die „eigentlichen" Zustände einzuführen, scheint notwendig für eine vollständige Beschreibung — wir kommen darauf in VIII 1 zu sprechen. Jetzt interessiert uns daran nur, daß die betrachteten Zustände die Punkte eines Kontinuums sind — also eigentlich eine zweifelhafte Konstruktion.

Wie könnte eine Wahrscheinlichkeitsverteilung über solche Zustände aussehen? — Man kann endlich viele isolierte Punkte herausgreifen und ihnen ganz gewöhnliche Wahrscheinlichkeiten zuschreiben: ein „diskretes Spek-

[14] Vgl. z. B. P. Lorenzen 1965, C. F. v. Weizsäcker 1971.
[15] Vgl. unten, VII 2.

trum", eine *„Distribution"*. Für die üblichen Symmetriebetrachtungen ist aber dieses Verfahren ungeeignet, denn man kann damit z. B. keine Gleichverteilung über alle Zustände definieren. Für unendlich viele Zustände ist das überhaupt nicht in der üblichen Weise möglich, denn jeder Zustand kann dann nur Wahrscheinlichkeit 0 haben. Man kann aber ein *Maß* des Kontinuums benutzen, um darauf eine Wahrscheinlichkeits*dichte* zu definieren[16]. Betrachten wir z. B. Intervalle auf der reellen Geraden. Nehmen wir an, das Intervall zwischen 10 und 20 bilde die möglichen Zustände. Eine mögliche Definition von Gleichwahrscheinlichkeit wäre dann: Die Wahrscheinlichkeit eines Intervalles der Länge l ist l/10 (Lebesgues-Maß) — aber es sind viele andere Wahrscheinlichkeitsmaße denkbar, auch mit Distributionen (s. o.) gemischte.

Das Problem ist folgendes: Jeder einzelne Punkt hat — abgesehen von Distributionen — die Wahrscheinlichkeit Null. Man hat also die Wahl zwischen zwei Möglichkeiten: Entweder man nimmt diese Wahrscheinlichkeit als vorausgesagte Häufigkeit ernst und schließt, daß ein Punkt als Zustand *unmöglich* ist; oder man läßt die Punkte als *mögliche* Zustände zu, dann sind „Wahrscheinlichkeit Null" und „Unmöglichkeit" verschieden. Physiker neigen i. allg. eher zur ersten Auffassung („Ein Punkt und ein genügend kleines Intervall ist eh dasselbe"), obwohl sie damit ihrer eigenen Praxis widersprechen, in der sie die Punkt-Zustände als das „eigentlich Wirkliche" behandeln; Versuche, es anders zu machen, haben bisher zu den größten Schwierigkeiten geführt. Mathematiker neigen dagegen eher zu der zweiten Ansicht, die ihnen ein Verständnis des starken Gesetzes der großen Zahlen ermöglicht und keine Probleme mit dem Kontinuum nach sich zieht.

Ich sehe persönlich einen so überzeugenden Vorteil in der Benutzung von Voraussagen relativer Häufigkeit (VI 2), daß ich auf jeden Fall an der Gleichsetzung von Wahrscheinlichkeit Null und Unmöglichkeit festhalten möchte und lieber die Probleme des Kontinuums in Kauf nehme. Mich tröstet dabei, daß dieses Problem mit der Wahrscheinlichkeitsdichte nicht die einzige Stelle ist, an der Schwierigkeiten auftauchen:

b) Ultraviolett-Katastrophe

Die Entdeckung — am Beispiel der Hohlraumstrahlung —, daß eine klassische Kontinuumstheorie unmöglich ist, hat schließlich zur Quantenmechanik geführt (vgl. V 1). Das Argument ist sehr allgemein. Für praktisch

[16] Die Wahrscheinlichkeitsdichte ist, mathematisch gesprochen, selbst ein (normiertes) Maß.

beliebige physikalische Systeme läßt sich der Gleichverteilungssatz der Energie beweisen, der besagt: Die Gesamtenergie eines Systems ist (im Gleichgewichtszustand) gleichmäßig auf alle seine Freiheitsgrade verteilt. *Freiheitsgrad* ist dabei jeder unabhängige Parameter, von dem die Energie überhaupt abhängen kann.

Bei einem mechanischen Kontinuum können nur innere Schwingungen auftreten, die sich in stehende Wellen mit je einer ganzen Zahl von Knoten aufteilen lassen. Zur Amplitude (etwa des Drucks) von Wellen mit beliebig hoher Knotenzahl gehört je ein Freiheitsgrad, d.h. es gibt im Kontinuum unendlich viele Freiheitsgrade. Nach dem Gleichverteilungssatz müßte sich also jede zugeführte Energie gleichmäßig in unendlich viele Teile verteilen, d.h. sie würde vollständig verschwinden; ein mechanisches Kontinuum müßte Temperatur Null haben, oder es könnte unbegrenzt Energie liefern bei gleicher Temperatur. Das gibt es offensichtlich nicht.

Beim *mechanischen* Kontinuum entgeht man dem Problem durch das Atommodell; Boltzmann stellte sich die Atome als „ideal hart und ideal glatt" vor — also so, daß sie keine innere Schwingungsenergie und keine Rotationsenergie aufnehmen können. Diese Ausweichmöglichkeit gibt es nicht beim elektrischen Feld: Nach der Maxwellschen Theorie sind Feldschwingungen beliebig kleiner Wellenlänge möglich. Das Verdienst Plancks ist zunächst, die Konsequenzen ernst genommen und zu Ende durchdacht zu haben: Die Ultraviolettkatastrophe in einem von Strahlung erfüllten Hohlraum ist unvermeidlich! Plancks zweites Verdienst ist allerdings auch die „glücklich erratene Interpolationsformel", aus der schließlich die Quantenmechanik entstanden ist; man kann die Einführung dieser Formel als eine Ersetzung von kontinuierlichen Wahrscheinlichkeitsdichten durch Distributionen verstehen.

Indem die Quantenmechanik in vielen Fällen ein Kontinuum von Möglichkeiten durch ein diskretes Spektrum ersetzt hat, hat sie viele Schwierigkeiten gelöst. Ihre heute noch unlösbaren Schwierigkeiten (etwa die Divergenzen der Feldtheorien) scheinen immer noch mit dem Problem des Kontinuums zusammenzuhängen; aber es bietet sich bisher keine einleuchtende Theorie an, die z.B. das diskrete Massenspektrum der Elementarteilchen abzuleiten gestattet (vgl. VII 4).

5. Thermodynamik und Zeitmodi

Thermodynamik ist ursprünglich die „Wärmelehre", ausgebaut im 19. Jahrhundert vor allem als Theorie der Dampfmaschinen. Es stellte sich heraus, daß die für Wärmekraftmaschinen gefundenen Gesetze von Energie,

Entropie etc. sehr allgemeine Geltung haben, und schließlich fand man (Boltzmann, Gibbs), daß die Grundgesetze der Thermodynamik Gesetze der *Statistik* sind — in der Theorie der Dampfmaschinen ist es die Statistik der Gasmoleküle. Daher konnte auch das scheinbar spezielle Problem der Strahlung des schwarzen Körpers zum Ausgangspunkt einer umfassenden neuen Theorie, der Quantenmechanik, werden.

In ihrer statistischen Form ist die Thermodynamik eine allgemeine Theorie von Objekten, deren Zustand nur unvollständig bekannt ist und über die man daher nur Wahrscheinlichkeitsaussagen machen kann. Es liegt also nahe, die Grundlagen der Thermodynamik als Teil der Wahrscheinlichkeitstheorie zu behandeln. Für unsere Diskussion ist besonders der Zusammenhang mit der Struktur von Vergangenheit, Gegenwart und Zukunft wichtig, der bei der Thermodynamik offensichtlich wird, wie wir am Anfang des Kapitels schon angedeutet haben. Die Frage nach diesem Zusammenhang wollen wir hier noch einmal aufnehmen.

Der *Zweite Hauptsatz der Thermodynamik* besagt: „Die Entropie[17] eines abgeschlossenen Systems bleibt gleich oder nimmt zu, sie nimmt aber nie ab."

Die Zunahme der Entropie ist ein allgemeines Kennzeichen *irreversibler* Prozesse, wie etwa des Temperaturausgleichs, des Energieverlusts durch Reibung, des Vermischens von Flüssigkeiten etc. (vgl. VI 1). Dies ist ein Erfahrungsgesetz der Wärmelehre, der „phänomenologischen Thermodynamik". In der Statistischen Thermodynamik wird Wärme als unregelmäßige Bewegung der Moleküle gedeutet, die so kompliziert ist, daß man nur sehr pauschale Durchschnittswerte messen kann; die Moleküle folgen dabei aber genau den Gesetzen der Mechanik. Es liegt nahe, den Ablauf nach den Gesetzen der Mechanik als den *eigentlichen* Vorgang anzusehen, während die Thermodynamik nur den *subjektiven* Mangel an Wissen des Theoretikers ausdrückt. Da die Mechanik reversibel ist, liegt außerdem der oben zitierte Schluß nahe, den Ablauf der Natur als *eigentlich* reversibel anzusehen, und den unbezweifelbaren Unterschied von Vergangenheit und Zukunft als einen nur subjektiven Eindruck zu verstehen, dessen Ursache gesondert erklärt werden muß.

Wir haben hier gerade umgekehrt argumentiert, indem wir die Zeitstruktur an die Spitze gestellt haben, als Grundlage schon jeder *Frage* in der Naturwissenschaft (VI 1). Die Reversibilität der Fundamentaltheorien wird

[17] *Entropie* ist ein grundlegender Begriff der Thermodynamik, dessen Definition in der „Wärmelehre" relativ kompliziert ist. In der statistischen Thermodynamik stellt sich heraus, daß Entropie eng mit Wahrscheinlichkeit zusammenhängt; genauer: sie ist ein Mittelwert des Logarithmus der Wahrscheinlichkeit (s. u. 5a).

uns dann zum erklärungsbedürftigen Phänomen, während die irreversible Theorie erwartet werden muß.

a) Mikro- und Makro-Zustände

Betrachten wir — damit klarer wird, wovon die Rede ist — das Argument der Statistischen Thermodynamik. Es beruht auf folgender Überlegung: Das Gewimmel der Moleküle in einem Gas können wir im Detail gar nicht beschreiben, dazu wissen wir viel zu wenig. Wie können nur „Pauschalwerte" angeben, wie etwa die Gesamtenergie, den Druck (als zeitliches Mittel aus vielen Molekülstößen), das Volumen u. ä. Wir unterscheiden mit diesen Pauschalwerten die möglichen Zustände des Gases nur sehr grob. Sei etwa ein „*Makrozustand*" des Gases gekennzeichnet durch Temperatur, Druck und Volumen; damit ist noch nicht viel gesagt über den tatsächlichen „*Mikrozustand*" der Moleküle, wie er etwa durch Ort und Impuls jedes einzelnen Moleküls beschrieben würde — der sich zudem sehr schnell ändert. Die Angabe des Makrozustands legt nur eine gewisse Auswahl unter den Mikrozuständen fest. Die Mikrozustände kann man insgesamt mit einer plausiblen Wahrscheinlichkeitsverteilung versehen, etwa „konstante Wahrscheinlichkeitsdichte im Phasenraum". Die Irreversibilität kommt nun dadurch zustande, daß verschiedene Makrozustände ganz verschieden viele Mikrozustände enthalten (bzw. verschiedenes Phasenraumvolumen). — Betrachten wir, um das zu sehen, alle Mikrozustände, die in einem Makrozustand enthalten sind. Nach einiger Zeit hat sich daraus gemäß der Mechanik eine neue Gesamtheit von Mikrozuständen entwickelt, von denen die erdrückende Mehrzahl in *einem* neuen Makrozustand A liegt — einfach deshalb, weil dieser Makrozustand A fast alle erreichbaren Mikrozustände umfaßt; nur wenige der möglichen Mikrozustände liegen außerhalb von A. Und so geht die („irreversible") Entwicklung weiter, bis der größte Makrozustand erreicht ist, der eine Mehrzahl *aller* möglichen Mikrozustände umfaßt: Das ist der *Gleichgewichts-* (Makro-)Zustand. Die *Entropie* eines Makrozustands gibt seine Größe an, sie ist der Logarithmus der Zahl der Mikrozustände (oder eines Maßes dafür) in einem Makrozustand. Kein Wunder also, daß die Entropie nur zunehmen kann.

Soweit ist die Sache eigentlich ganz einfach. Sie wird nur kompliziert für jemanden, der die Wahrscheinlichkeit nicht als vorausgesagte relative Häufigkeit verstehen will, weil „Voraussage" doch etwas so abscheulich Subjektives sei, sondern als mittlere relative Häufigkeit, gemittelt über alle konkret vorhandenen Moleküle („Scharmittel"), oder über alle Zustände, die ein Molekül mit der Zeit durchläuft („Zeitmittel"), oder auch gemittelt über mehrere *gedachte* Gesamtsysteme, unter deren Mikrozuständen alle möglichen mit der richtigen relativen Häufigkeit vorkommen ("ensemble" = „Gesamtheit"). Dann kommt aber die Frage auf, ob Zeitmittel und Scharmittel eigentlich gleich seien, und als positive Antwort darauf die *Ergodenhypothese,* die lautet, daß *jedes* Molekül jeden erreichbaren Mikrozustand mit der Häufigkeit durchläuft[18], die seiner Wahrscheinlichkeit entspricht; daraus hat sich eine ganze mathematische Disziplin entwickelt, die allerdings unabhängig von den ursprünglichen Pseudoproblemen schön ist. Die genannte "Ensemble"-Theorie von Gibbs benötigt begrifflich keine Ergodenhypothese. Sie ist in Wirklichkeit eine elegante Formulierung derselben Struktur, die wir mit Wahrscheinlichkeiten dargestellt haben; sie ist in unsere Interpretation übersetzbar, wenn man nur an die Stelle der „gedachten", etwas phantomhaften Systeme die *möglichen* Systeme setzt, von denen man die vorausgesagte relative Häufigkeit kennt, vorausgesagt für den Fall einer Nachprüfung.

Die Irreversibilität kommt in die Theorie herein, trotz Reversibilität der Molekül-Mechanik, durch die Tatsache, daß wir hier *Voraussagen* machen: „Der spätere Makrozustand wird wahrscheinlich einer mit mehr Mikrozuständen (höhere Entropie) sein." Über die Vergangenheit kann man das nicht sagen, da sind Wahrscheinlichkeitsaussagen ohnehin nur möglich, wenn man etwas über die noch fernere Vergangenheit weiß. Allenfalls im Gleichgewicht gilt derselbe Schluß auch umgekehrt[19]: Dann ist am wahrscheinlichsten auch der vorangegangene Zustand einer mit höherer Entropie gewesen, und der gegenwärtige ist wahrscheinlich das Ergebnis einer Schwankung. Das läßt sich mit der „thermodynamischen Wahrscheinlichkeit" eines Makrozustandes errechnen; diese Wahrscheinlichkeit ist praktisch die Zahl der Mikrozustände in einem Makrozustand. Hier ist aber Vorsicht geboten: Die thermodynamische „Wahrscheinlichkeit" ist eine realistische Voraussage relativer Häufigkeit nur dann, wenn die Mikrozustände *gleich*-wahrscheinlich sind; und das ist nur im Gleichgewicht der Fall. Im Gleichgewicht entsteht aber auch keine Asymmetrie zwischen Vergangenheit und Zukunft: Ein vom Gleichgewicht abweichender Makrozustand ist am wahrscheinlichsten das Maximum einer Schwankung, Zunahme und Abnahme der Entropie sind gleichwahrscheinlich, unsere ganze Argumentation trifft hier nicht zu. Interessant ist also für unsere Diskussion nur der Fall, daß (realistische) Wahrscheinlichkeit und „thermodynamische Wahrscheinlichkeit" verschieden sind!

[18] Bzw., im Kontinuum, nahe an ihm vorbeiläuft.

[19] Im Gleichgewicht kann ein Zustand, der nicht *der* Gleichgewichtszustand ist, nur durch eine zufällige Schwankung auftreten.

Für den üblichen Fall kontinuierlicher Zustandsmannigfaltigkeiten ist unsere Ausdrucksweise oben eigentlich falsch, sie müßte subtiler sein; das würde aber für das prinzipielle Argument nichts Neues bringen.

Anschaulich kann man die prinzipiellen Fragen an dem *Kugelspiel-Modell* von P. und T. Ehrenfest (1906)[20] erläutern, das diskrete Zustände und diskrete Zeitschritte verwendet, sonst aber alle Eigenschaften einer Thermodynamik aufweist; nur ist auch die reversible „Mikro"-Theorie (die hier an die Stelle der Mechanik tritt) nicht deterministisch. Dieses Kugelspiel geht so:

b) Das Ehrenfestsche Kugelspiel

N Kugeln, numeriert mit 1,2,...N, sind auf 2 Urnen verteilt. Außerdem gibt es eine Nummernlotterie, welche bei jedem „Zug" eine der Zahlen 1,2,..., N produziert, jede mit der Wahrscheinlichkeit 1/N. Bei jedem solchen Zug wechselt dann die Kugel, deren Nummer gezogen ist, die Urne. — Wie man leicht ausrechnet, ist die Wahrscheinlichkeit, daß eine Urne mit k Kugeln eine weitere dazubekommt:

$$w(k+1|k) = (N-k)/N,$$

und daß sie eine Kugel verliert:

$$w(k-1|k) = k/N.$$

Die Zahl der Kugeln tendiert also zum Gleichgewichtswert k/2.

Nennen wir den *Makrozustand* die Anzahl k von Kugeln in der, sagen wir, linken Urne. Der *Mikrozustand* ist die Angabe zu jeder Kugel, in welcher Urne sie ist. Die Mikrozustände sind gleichwahrscheinlich, wenn die Kugeln „statistisch" auf die Urnen verteilt werden, also jedenfalls nach sehr langer Spieldauer. Die Anzahl der Mikrozustände in einem Makrozustand ist die Anzahl der Möglichkeiten, wie man k Kugeln unter N heraussuchen kann, d. h. $\binom{N}{k} = \frac{N!}{k!\cdot(N-k)!}$. Da man N Kugeln insgesamt auf 2^N Arten auf zwei Urnen verteilen kann, ist die thermodynamische Wahrscheinlichkeit des Zustands k

$$w_{th}(k) = 2^{-N}\cdot\binom{N}{k};$$

seine Entropie ist

$$H(k) = \alpha\cdot\log w_{th}(k),$$

mit irgendeinem Faktor α.

Wie man oben sieht, ist die Wahrscheinlichkeit, daß die Entropie zu-

[20] Vgl. M. Eigen/R. Winkler 1975.

nimmt, größer, als daß sie abnimmt — in Zukunft. Für die Vergangenheit gilt das nur, wenn ohnehin der Gleichgewichtszustand erreicht ist und jeder Wert $k \neq N/2$ am wahrscheinlichsten das Entropie-Minimum in einer Schwankung ist. Auch das kann man leicht ausrechnen, ebenso wie die Wahrscheinlichkeit vergangener Zustände unter anderen Voraussetzungen, etwa wenn das Kugelspiel eben erst angefangen hat[21].

Einem unvoreingenommenen Leser gibt die vorstehende Erörterung vielleicht nur den Eindruck, daß die erörterten Probleme kompliziert sind. Tatsächlich werden diese Probleme seit langem — mit wechselndem Erfolg — intensiv diskutiert, und es kann wohl niemand erwarten, auf wenigen Seiten in den Stand der Diskussionen eingeführt zu werden[22]. Für das Verständnis des Weiteren genügt es, festzuhalten: faßt man die Wahrscheinlichkeit konsequent als vorausgesagte relative Häufigkeit auf, dann werden einige Grundlagenprobleme der Wahrscheinlichkeitsrechnung und Thermodynamik übersichtlicher. Insbesondere kommt man von der unseligen Frage los, „wie der subjektive Zeitpfeil aus der an sich zeitsymmetrischen Wirklichkeit zu erklären sei".

Diese Vorbereitung wird uns das Verständnis der Quantenmechanik als besonderer Wahrscheinlichkeitstheorie erschließen helfen. Zuvor wollen wir jedoch eine Analyse des physikalischen Objektbegriffs unternehmen.

[21] Vgl. dazu M. Drieschner 1979, Kap. III, und C. F. v. Weizsäcker 1972.
[22] Vgl. z.B. A. Grünbaum, W. Stegmüller, M. Drieschner.

VII. DER PHYSIKALISCHE OBJEKTBEGRIFF

Die übliche Vorstellung besagt, daß die Physik die Wirklichkeit um uns, die Dinge so beschreibt, wie sie an sich selbst sind. Wir haben schon oben (Kap. II) Zweifel an dieser naiven Auffassung formuliert. Das vorliegende Kapitel soll unsere Vorstellungen von den Objekten der Physik stärker präzisieren.

1. Idealisierung

Die Wirklichkeit, die uns umgibt, ist für eine vollständige Beschreibung zu kompliziert. Eine Möglichkeit, ihre Komplexität zu reduzieren, ist die Zurückführung auf einfache Bestandteile — etwa die Atome Demokrits und Leukipps. Der Gedanke findet eine moderne Durchführung in der Theorie der Elementarteilchen. Allerdings löst, wie wir oben (Kap. II) gesehen haben, die moderne Physik den Begriff der Zusammensetzung aus Teilchen auf — ich will das nicht wiederholen. In ganz abstrakter Form werden wir unten (VII 4) den Gedanken der Zusammensetzung aus einfachen Teilen wieder aufgreifen.

Genaugenommen ist es nicht die „Wirklichkeit", die physikalisch betrachtet wird, sondern jede physikalische Theorie behandelt idealisierte physikalische *Objekte*. Und zwar sind sie in zwei Beziehungen idealisiert:

1. Das Heraustrennen einzelner Dinge oder Objekte aus der Gesamtheit der Wirklichkeit ist eine Idealisierung, die mit der Realität nie genau übereinstimmt; denn in Wirklichkeit hängt alles mit allem zusammen.

2. An jedem Ding betrachtet die Physik nur wenige Eigenschaften, die „physikalisch relevanten"; darauf kommen wir im nächsten Abschnitt zurück.

Man kann die Idealisierung, die so eingeführt wird — und ohne die keine Physik möglich wäre —, an den bisherigen Theorien zeigen: Genaugenommen hängt z. B. die Bewegung der Erde unter anderem davon ab, wo sich gerade ein Planet in einer fernen Galaxie befindet, und umgekehrt wird dessen Bewegung von der der Erde abhängen — noch genauer genommen sogar von der Bewegung meiner Feder auf dem Papier. Wenn man streng vorgehen wollte, müßte man also — auch *innerhalb* der physikalischen Theorie der Gravitation — immer das Ganze behandeln, die Welt insgesamt mit allen Details; und das ist natürlich unmöglich. Das ist aber nicht nur praktisch unmöglich, sondern der Gedanke einer exakten Beschreibung der Welt als ganzer setzt voraus, daß es eine solche „Welt als ganze" gibt, als gigantische „an sich" ablaufende Maschine — eine Voraussetzung, die, wie wir sehen werden, der Quantenmechanik widerspricht. Unabhängig von der Quantenmechanik kann man sich überlegen, daß die Welt strenggenommen als ganze nicht Objekt sein kann, denn *für wen* wäre sie dann Objekt? Es muß ja außer irgendeinem Objekt immer den Beobachter geben, der die vorausgesagten Meßwerte registriert, der das Objekt beschreibt. Die Welt, in Strenge als ganze genommen, wäre *für niemanden* Objekt. — Zudem können wir nur Erfahrung machen in Begriffen; und ein Begriff ist seinem Wesen nach mehrmals anwendbar. Wenn wir also nur die Welt als ganze beschreiben wollten, die prinzipiell einmalig ist, gäbe es keine Begriffe — das heißt, es wäre überhaupt nichts beschreibbar für uns „endliche" Wesen, die auf Begriffe angewiesen sind (vgl. auch oben IV 5: Kosmologie).

Ob nun aus praktischen oder prinzipiellen Gründen: wir müssen einzelne Objekte aus der Welt herausschneiden, das heißt, im Fundament jeder Physik liegt von vornherein eine *Näherung*. Behalten wir das im Auge für die spätere Diskussion des Meßprozesses!

Jede Näherung läßt sich verbessern. Beim Objektbegriff geht das in Stufen vor sich, die sich nach folgendem Schema einteilen lassen:

a) *Freies Objekt*: Ein Objekt wird aus der Umgebung herausgetrennt und ganz unabhängig von besonderen Eigenschaften der Umgebung betrachtet. — Wir haben schon gesehen, daß das Vorhandensein einer Umgebung allgemein vorausgesetzt werden muß, damit überhaupt die Zustände des Objekts definiert sind (Machsches Prinzip, IV 3). Beim freien Objekt ist der Einfluß der Umgebung auf alle Zustände *gleich* — etwa im Raum an allen Orten und bei allen Impulsen. Das freie Objekt hat also die größte mögliche Symmetrie. — Wir kommen auf diesen Zusammenhang für abstrakte Objekte im Abschnitt 4 zurück.

b) *Objekte im äußeren Feld*: In diesem Näherungsschritt wird der Einfluß der Umwelt auf das Objekt betrachtet, und wie dieser Einfluß vom Zustand des Objekts abhängt. Dabei wird aber *nicht* berücksichtigt, wie der Zustand der Umwelt auch umgekehrt vom Zustand des Objekts abhängt. Allerdings kann der Zustand der Umwelt zeitlich veränderlich sein: Ein Beispiel ist die Bewegung eines Elektrons in einem *veränderlichen* Magnetfeld. Der Einfluß *des Elektrons* auf dieses Feld ist aber gering und wird bei der Beschreibung des Elektrons „im äußeren Feld" nicht beachtet.

c) *Wechselwirkung*: In vielen Fällen wird auch der Einfluß des Objekts (A) auf die Umwelt wichtig. Dann kann man einen Teil (B) der bisherigen Umwelt (der vom Objekt A beeinflußt wird) herauslösen und mit dem bisherigen Objekt (A) zu einem neuen Objekt (A&B) zusammenfügen. Man nennt die neue Beschreibung die „Wechselwirkung der (Teil-)Objekte A und B". — Zum Beispiel kann man die Bewegung des Mondes (A) im „äußeren Feld" der Erdgravitation beschreiben, aber man kann auch genauer die Wechselwirkung von Erde (B) und Mond (A) betrachten, nämlich ihre Bewegung (A & B) um den gemeinsamen Schwerpunkt. — Das neue Objekt (A & B) kann man nun wieder als frei behandeln, oder im äußeren Feld, oder wieder in Wechselwirkung mit einem weiteren Teil der Umwelt (im Beispiel: Erde & Mond im „äußeren" Feld der Sonne (Fall b), oder bei Mitbewegung der Sonne („Wechselwirkung", Fall c), etc. Beliebige weitere Näherungsstufen sind denkbar.

So kann man also, wenn man zunächst Objekte isoliert hat, die Annäherung an die wirklichen Verhältnisse schrittweise verbessern, bis man an die Grenze der praktischen Durchführbarkeit kommt.

Bei der Beurteilung dieser Grenze wird nun auch der andere Teil der Idealisierung wichtig, die Tatsache, daß man nur wenige Eigenschaften eines Dings herausgegriffen hat für die Behandlung in der physikalischen Theorie.

2. Abstrakter Objektbegriff

Selbst wenn wir annehmen, daß wir mit gutem Erfolg einzelne Dinge in der Welt isolieren können, so hat doch jedes *Ding* eine unerschöpfliche Fülle von Eigenschaften. Dagegen sind die *Objekte* physikalischer Theorien ausgesprochen arm; sie müssen es sein, damit die Theorie überhaupt brauchbar ist. Betrachten wir einige Beispiele: Ein ganz einfaches Objekt ist der Massenpunkt. Er hat Ort, Geschwindigkeit und (als einzige unveränderliche Eigenschaft) Masse; dazu hat er weitere Eigenschaften, die sich aus diesen errechnen lassen (Impuls, Energie u. ä.). An diesem Beispiel können wir schon eine wichtige Unterscheidung für unsere Diskussion des Objektbegriffes zeigen, die Unterscheidung zwischen solchen Eigenschaften eines Objekts, die sich ändern („kontingente" Eigenschaften), und solchen, die das Objekt ein für allemal hat. Die letzteren bestimmen, wie sich speziell dieses Objekt im äußeren Feld bzw. in Wechselwirkung verhält, gemäß der Theorie[1]; die kontingenten Eigenschaften kennzeichnen seinen augenblicklichen Zustand. — Der augenblickliche Zustand eines Massenpunkts ist z. B. durch seinen Ort und seinen Impuls vollständig gekennzeichnet.

Wir können nach dem „Wesen" solcher Objekte fragen, etwa „Was ist der Massenpunkt selber?" — Er ist diejenige Idealisierung wirklicher Körper — z. B. von Planeten oder Äpfeln oder Molekülen —, die gerade dadurch

[1] Vgl. die Diskussion der schweren und trägen Masse und der Ladung in IV 2.

gekennzeichnet ist, daß nur Ort und Impuls (6 reelle Zahlen) als unabhängige kontingente Größen vorkommen. Der Massenpunkt ist also dasjenige Objekt, dessen augenblicklicher Zustand durch Ort und Impuls vollständig gekennzeichnet werden kann. Das ist die *Definition* des Begriffes Massenpunkt: Sein Wesen ist durch seine möglichen Eigenschaften bestimmt.

In vielen Fällen ist der Massenpunkt eine gute Näherungsbeschreibung für ein wirkliches Ding, aber in anderen Fällen muß man genauer beschreiben, etwa indem man die *Lage* des Körpers und seinen *Drehimpuls* zusätzlich angibt. Ein solches Objekt, dessen augenblicklicher Zustand durch Ort, Impuls, Lage und Drehimpuls (12 reelle Zahlen) gekennzeichnet ist, heißt ein *Starrer Körper.* Zu den genannten Eigenschaften des Starren Körpers kommen noch die festen Eigenschaften wie Masse, 3 Trägheitsmomente und die Gestalt der Oberfläche, welche die möglichen Orte beschränkt (Undurchdringlichkeit der Körper). — Als Starre Körper wird man Teile von Maschinen beschreiben oder Kreisel u. ä.

Gerade bei Maschinenteilen ist es aber oft wichtig, auch Schwingungen zu betrachten. Man muß diese Teile dann als *deformierbare* Körper behandeln; zu deren kontingenten Eigenschaften gehören auch Auslenkungen aus der Ruheform und die zugehörigen Geschwindigkeiten.

Natürlich betrachtet man gewöhnlich Systeme von mehreren solchen Körpern, also z. B. einen Mechanismus aus mehreren starren Körpern oder ein Planetensystem von 8 Massenpunkten, kontingent gekennzeichnet durch 8×6 reelle Zahlen.

Schließlich kann man ein *mechanisches Kontinuum* betrachten, etwa eine Flüssigkeit, deren Zustand u. a. durch Dichte und Impulsdichte an jedem Ort gekennzeichnet ist. Die *Thermodynamik* wiederum hat ihre besonderen Objekte, deren Zustand etwa durch Volumen, Temperatur und Druck gekennzeichnet ist: Jede Theorie hat ihre eigenen Objekte.

In jedem Fall ist das Objekt, das in einer Theorie vorkommt, definiert durch die kontingenten Eigenschaften (Größen), deren Angabe zur Kennzeichnung seines augenblicklichen Zustandes notwendig ist. Dabei haben sich bestimmte Kombinationen von Größen offenbar so bewährt, daß sie eigene Namen bekommen haben (Massenpunkt, Starrer Körper etc.), andere Kombinationen kommen überhaupt nicht vor. Was ist das Kriterium? Wir wollen die Antwort als *Definition des Objektbegriffs* fassen:
Ein Objekt ist eine Zusammenfassung von Größen, deren gegenwärtige Werte gemeinsam Voraussagen über eben diese Größen (in Zukunft) gestatten.

Wie ist das z. B. beim Massenpunkt? Um künftige *Orte* vorauszusagen, muß man die Geschwindigkeit wissen; sie ist mit dem Impuls gegeben. Der *Impuls* ist beim freien Objekt konstant, ansonsten ist seine Änderung durch die jeweils wirkende Kraft gegeben — und diese hängt häufig nur vom Ort ab, oder von Ort und Impuls. Ort und Impuls zusammen ermöglichen also oft genaue Voraussagen des zukünftigen Ortes und Impulses; der Massenpunkt erfüllt tatsächlich unsere Definition des Objekts, jedenfalls näherungsweise — und Näherung liegt ja im Fundament des Objektbegriffes.

Entsprechendes gilt von allen Objekten physikalischer Theorien. Man wird ein wirkliches Ding als Objekt so beschreiben, daß diese Beschreibung in guter Näherung Voraussagen gestattet. Wir finden also wieder „Voraussage" als Schlüsselbegriff zum Verständnis von Physik.

Der so definierte Objektbegriff umfaßt auch den Begriff des *Feldes*, der im 19. Jahrhundert große Schwierigkeiten gemacht hat. Wie kommt man etwa zum Begriff des elektromagnetischen Feldes? — Man betrachtet als Objekte zunächst z. B. Ladungen (d. h. Massenpunkte, die zusätzlich eine elektrische Ladung tragen), stromdurchflossene Leiter u. ä. in ihrer gegenseitigen Wirkung. Die Wirkung eines solchen Objekts auf andere Objekte an allen möglichen Orten kann man zusammenfassen als ein Kraftfeld: Z. B. läßt sich die Wirkung einer stromdurchflossenen Spule auf kleine geladene Teilchen durch Zahlen darstellen, die nur vom Ort des Teilchens (im Verhältnis zur Spule) abhängen, also durch eine (Tensor-)Funktion des Orts. Die *Kraft*, welche die Spule auf ein bestimmtes Teilchen ausübt, läßt sich aus diesen Zahlen, zusammen mit Eigenschaften des Teilchens (hier: Ladung und Geschwindigkeit) errechnen. Diese Funktion des Orts heißt das elektromagnetische Feld — mit seiner Hilfe läßt sich die ganze Fülle der „elektromagnetischen" Wechselwirkungen beschreiben. — Ähnliches gilt für das Gravitationsfeld, das wir oben (IV 4) schon behandelt haben.

Das Kraftfeld ist zunächst eine vereinheitlichende Hilfskonstruktion für die Kräfte zwischen Körpern. Ein Eigenleben erhält das Feld dadurch, daß eine Änderung des „wirkenden" Objekts — z. B. eine Bewegung — an anderen Orten erst nach einiger Zeit bemerkbar wird[2]; man kann die Wirkung der Änderung beschreiben als eine sich nach allen Seiten ausbreitende „Störung" des Feldes, so wie die Welle in einem stillen Teich, die von einem hineingeworfenen Stein erzeugt wird. Es liegt daher nahe, das Feld als ein eigenes Objekt zu sehen, neben den geladenen oder stromdurchflossenen Objekten — vergleichbar dem Wasser im Teich. Die begriffliche Schwierigkeit entsteht vor allem dadurch, daß elektromagnetische Wellen sich auch im Vakuum ausbreiten können, ohne einen materiellen Träger, also anders als Wellen auf der Wasseroberfläche oder Schall in Luft. Dem elektromagnetischen Feld muß man also noch „unabhängigere" Eigenschaften zuschreiben, fast wie einem eigenen Stoff, während es andererseits nicht möglich ist, die Eigenschaften eines solchen „Stoffs" vernünftig zu definieren (vgl. III 1).

[2] „Endliche Ausbreitungsgeschwindigkeit", vgl. III 1.

Gemäß unserer abstrakten Objektdefinition erfüllt das elektromagnetische Feld allerdings den Begriff des Objekts: Die 6 Feldgrößen (oder der Potential-Vierervektor) an jedem Ort kennzeichnen den augenblicklichen Zustand des Feldes. Diese Größen sind aber zusammen auch geeignet, Voraussagen über eben diese Größen zu machen, nämlich gemäß den Maxwellschen Gleichungen:

$$\dot{\vec{D}} = \text{rot}\,\vec{H};$$
$$\dot{\vec{B}} = -\,\text{div}\,\vec{E};$$

(wobei $\vec{D} = \varepsilon \cdot \vec{E}$ das elektrische, $\vec{B} = \mu \cdot \vec{H}$ das magnetische Feld darstellt, mit den (nichtkontingenten) Konstanten ε und μ).

Man sieht: Die *zeitliche* Änderung des elektrischen (magnetischen) Feldes hängt von der *räumlichen* Verschiedenheit des magnetischen (bzw. elektrischen) Feldes ab; zusammen erlauben diese kontingenten Größen Voraussagen, sie charakterisieren ein Objekt. In unsere abstrakte Objekt-Definition passen Felder ebensogut wie Massenpunkte.

Diese Abstraktionsstufe des Objektbegriffs müssen wir uns vor Augen halten, wenn wir die quantenmechanischen Objekte betrachten: Ein Elektron ist nicht einem kleinen Stecknadelkopf vergleichbar. Wir erfahren vom Elektron nur durch aufwendige Apparaturen, die es relativ „indirekt" zeigen: Das Zählrohr schaltet durch, in der Nebelkammer erscheint eine Reihe von Tröpfchen, bzw. in der Blasenkammer Bläschen, in der Funkenkammer Funken, in der Fotoemulsion Silberkörner. Wir sagen, daß solche Effekte den *Ort eines Elektrons* — oder eines anderen Teilchens — anzeigen, und ordnen zwischen der Teilchenquelle und diesen Nachweisgeräten verschiedene Apparate an, welche die Teilchen beim „Durchfliegen" beeinflussen; insofern ist also die Vorstellung eines fliegenden Stecknadelkopfes nicht abwegig. Wenn wir aber die Unschärferelation ernst nehmen, können wir nicht so denken: Da das Elektron nie Ort und Impuls zugleich hat, kann es auch keine Bahn haben. Auf das quantenmechanische Objekt paßt nur noch die abstrakte Objektdefinition: Aus dem Zustand zu einer Zeit läßt sich der Zustand für andere Zeiten voraussagen, und das heißt, es lassen sich Wahrscheinlichkeiten für mögliche Messungen angeben. — Übrigens ist beim quantenmechanischen Massenpunkt Ort und Impuls enger verbunden als beim klassischen: Im Zustandsraum aller möglichen Orte sind alle möglichen Impulse schon „automatisch" mit enthalten (vgl. VIII 1b).

3. Physik a priori

Stellen wir noch einmal die Frage nach der *Begründung* von Physik: Erfahrung kann, wie Hume und Popper[3] uns lehren, die Geltung physikalischer Gesetze nicht begründen. Kant erwägt statt dessen eine *transzendentale* Begründung: Wir können der Geltung eines Naturgesetzes a priori, vor jeder speziellen Erfahrung, gewiß sein, wenn wir einsehen, daß *Erfahrung überhaupt* nicht möglich wäre, wenn dieses Gesetz nicht gälte (vgl. II). C. F. v. Weizsäcker hat das Kantsche Programm auf die moderne Naturwissenschaft übertragen[4], die dafür bessere Möglichkeiten zu bieten scheint als die Physik zur Zeit Kants. Die Physik hat heute, trotz der ungeheuer vielfältigen Verzweigung in Spezialwissenschaften und Anwendungen, *begrifflich* eine starke Einheit erlangt. Die Quantenmechanik ist die allgemeine Theorie beliebiger Objekte, aus ihr sind im Prinzip alle anderen physikalischen Theorien ableitbar (einschließlich der Chemie), wenn man die Eigenschaften der Elementarteilchen und ihre Wechselwirkungen voraussetzt. Diese Eigenschaften sind bisher nicht aus einer einheitlichen Theorie ableitbar, aber es ist durchaus denkbar, daß eine solche einheitliche Theorie in absehbarer Zeit gefunden wird.

Wie eine endgültige einheitliche Physik aussehen wird, weiß man natürlich nicht vorher. Wahrscheinlich wird sie mehrere bisher getrennte theoretische Gebiete vereinigen müssen, etwa Quantenmechanik und Relativitätstheorie. Bisher stellt sich die Naturwissenschaft in folgenden fünf großen Zweigen dar:

1. *Quantenmechanik*: Eine allgemeine Theorie beliebiger Objekte (vgl. Kap. VIII).
2. *Thermodynamik*: Beschreibung realer Objekte unter Bedingungen der Näherung (vgl. VI 5).
3. *Relativitätstheorie*: Theorie von Raum und Zeit (Kap. III und IV).
4. *Elementarteilchentheorie*: Die bisher unbekannte Theorie der möglichen Arten von Objekten (vgl. unten).
5. *Kosmologie:* Beschreibung der Gesamtheit der wirklichen Objekte (vgl. IV 5).

Zwischen diesen Teilen der Naturwissenschaft bestehen mannigfache Verbindungen, die wir z. T. schon angedeutet haben[5]. Wir wollen im nächsten Abschnitt einen Versuch vorstellen, die fünf Teile in einer sehr abstrakten Fundamentaltheorie zu vereinigen.

[3] D. Hume 1777, K. Popper 1935.

[4] Z. B. C. F. v. Weizsäcker 1971.

[5] C. F. v. Weizsäcker 1971 gibt eine ausführliche Erörterung in II 5, Kapitel 2 und 5.

Schon die Aufzählung der Teile mit den kurzen Erklärungen zeigt eine große Allgemeinheit, die dem Gedanken einer transzendentalen Begründung sehr entgegenkommt: Es ist nicht von speziellen Erfahrungsbereichen die Rede, wie etwa „Mechanik, Akustik, Wärmelehre..." oder auch „Makrophysik — Mikrophysik", sondern nur von Objekten in Raum und Zeit. Wir haben auf der anderen Seite analysiert, was Naturwissenschaft überhaupt sein kann, und haben gefunden: Eine Theorie für Voraussagen über empirisch entscheidbare Alternativen. Der Objektbegriff hat sich dabei als abgeleitet erwiesen aus der Forderung von Voraussagen, die Zeit erschien als fundamental für Erfahrung überhaupt, und der Raum läßt sich auf dieser Abstraktionsstufe verstehen als der „Parameter der Wechselwirkung" (vgl. unten VII 4). Setzen wir diese Teile zur Skizze einer möglichen transzendentalen Begründung von Physik zusammen!

Was sind Bedingungen der Möglichkeit von Erfahrungen überhaupt? Um auch nur die Chance zu bekommen, die Frage präzis zu beantworten, präzisieren wir „Erfahrung" als *Naturwissenschaft*.

Wenn das eine Einschränkung der ursprünglichen Frage ist, verändern wir damit freilich den Sinn des transzendentalen Arguments; denn dafür war es ja entscheidend, Bedingungen der Möglichkeit von *Erfahrung überhaupt* aufzusuchen. Das Argument ist nur zwingend, wenn wir sagen können: „Erfahrung wäre *überhaupt* nicht möglich, wenn nicht..." Nun scheint mir aber, daß eigentlich durch die Präzisierung auf Naturwissenschaft die *Erfahrung überhaupt* nicht eingeschränkt wird. Denn was bedeutet hier Erfahrung? Gemeint ist die offenbare Tatsache, daß wir uns in der Welt zurechtfinden, indem wir das in der Vergangenheit *Bewährte* verwenden, das wir teils individuell gelernt haben, aus eigener Erfahrung und Tradition, teils angeboren übernommen aus der Anpassung der Spezies; dazu gehört vor allem die Begriffsbildung. Wenn wir dieses „Sich-zurecht-finden" präzisieren, kommen wir aber genau auf den Begriff von Naturwissenschaft, den wir oben angeführt haben: Aus Erfahrung etwas wissen bedeutet voraussagen können, und zwar aufgrund von Begriffen und Gesetzen, die in allen Veränderungen dieselben bleiben. — Das hat wohl auch Kant gemeint in seinen Kategorien *Kausalität*: Voraussage von Zukunft aufgrund der Gegenwart, und *Substanz*: Das Bleibende durch alle Veränderung. Bei Kant übrigens werden die allgemeinen Erörterungen über „Erfahrung überhaupt" sehr bald präzisiert in physikalischen Gesetzen, genauer: in der Newtonschen Mechanik. In dieser, aus unserer Sicht relativ speziellen Theorie ist der Bruch in der Argumentation denn auch besonders zu spüren.

Wir präzisieren also die Bedingungen der Möglichkeit von Erfahrung überhaupt als die Bedingungen der Möglichkeit einer Theorie für Voraussagen über empirisch entscheidbare Alternativen. Wir haben einige dieser

Bedingungen schon analysiert: Die allgemeinste mögliche derartige Theorie wird Wahrscheinlichkeiten für das Resultat von Messungen an Objekten angeben müssen. Die Quantenmechanik ist eine solche Theorie. Ist sie die allgemeinste mögliche? Ich habe diese Frage an anderer Stelle[6] ausführlich erörtert; es sieht so aus, als ob tatsächlich die Quantenmechanik die allgemeinste Theorie dieser Art sein könnte, also als ob die Quantenmechanik eine a priori gewisse physikalische Theorie sei[7]. Das ist allerdings bisher nicht ganz durchsichtig. Wir kommen im nächsten Kapitel auf die Struktur der Quantenmechanik zurück.

Was hier als Quantenmechanik bezeichnet wurde, ist eigentlich nur ihre „Hilbertraumstruktur", das heißt die allgemeine Struktur der Wahrscheinlichkeitsbeziehungen der möglichen Voraussagen untereinander. Diese Struktur ist sehr reich, aber sie enthält noch nichts über spezielle Objekte, ihre Eigenschaften und Wechselwirkungen, und nichts über den Raum. Ist vielleicht auch das alles a priori festgelegt, so daß der Raum nicht anders sein kann als dreidimensional, daß die Masse des Protons nicht anders sein kann als 1836 Elektronenmassen? Letzteres wird, nach der Hoffnung der Theoretiker, aus einer allgemeinen Theorie der Elementarteilchen folgen, die nichts voraussetzt als die Poincaré-Invarianz der Speziellen Relativitätstheorie und evtl. weitere sehr abstrakte Symmetrien. — Nach diesem Prinzip ist etwa die Heisenbergsche *Nichtlineare Spinortheorie* („Weltformel") aufgebaut. Solche Symmetrieprinzipien sind aber so allgemein, daß man hoffen kann, sie als Bedingungen der Möglichkeit von Erfahrung überhaupt zu verstehen.

4. Raum

Die Poincaré-Symmetrie der Speziellen Relativitätstheorie ist eine Symmetrie in Raum- und Zeitkoordination. Die besondere Rolle der Zeit bei der Grundlegung von Naturwissenschaft haben wir erwähnt. Was aber ist der Raum, im Rahmen unserer abstrakten Erörterung?

Die physikalischen Theorien beschreiben ihre Objekte „im Raum": Beim Massenpunkt ist der *Ort* eine kontingente Eigenschaft, beim Feld sind die kontingenten Eigenschaften (z. B. die Feldstärke) *an* einem Ort. Was ein Ort ist, das wird durch die entsprechenden Meßvorschriften definiert, durch

[6] M. Drieschner 1979.

[7] Damit ist, wie immer, der systematische Begründungszusammenhang gemeint; es wird nicht behauptet, daß die Theorie jemandem am Schreibtisch hätte einfallen können. Tatsächlich ist ja die Quantenmechanik in einem schmerzlichen Prozeß aus empirischen Befunden entwickelt worden (Kap. V), und es konnte vielleicht gar nicht anders sein.

„äußere Semantik". In allen Theorien ergibt es sich, daß die *Wechselwirkung* zwischen Objekten gerade von ihrem räumlichen Verhältnis zueinander abhängt: Vor allem vom Abstand, evtl. auch von der räumlichen Orientierung (z. B. bei einem Dipol).

Es gibt also den Raum, und außerdem zeigt es sich, daß „zufällig" die Wechselwirkung gerade vom Raum abhängt. Solch ein „Zufall" zeigt einen verborgenen Zusammenhang: Ist nicht vielleicht der Raum gerade *definierbar* als Zusammenfassung derjenigen Parameter, von denen die Wechselwirkung aller Objekte abhängt? Das scheint plausibel: *Ich hier* fühle unmittelbar das, was auch hier ist und deshalb mit mir „wechselwirkt"; ich kann *hier* schreiben, einen Knopf drücken, einen Stein werfen, rufen; *„dort"* kann ich hingehen, ich kann etwas dort sehen, weil (physikalisch gesprochen) das Licht dort gestreut wird und auf meine Netzhaut wirkt — eine hohe Leistung nach langer Evolution. — Wir erfahren wirklich den Raum als dasjenige, von dem die Wechselwirkung abhängt. Sie braucht nicht *nur* vom Raum abzuhängen, sondern sie hängt z. B. auch von den „Ladungen" ab; aber der Raum faßt diejenigen Parameter zusammen, von denen die Wechselwirkung *aller* Objekte abhängt.

Die *Wechselwirkung* haben wir kennengelernt als eine Stufe im Näherungsprozeß des Objektbegriffs (VII 1). Sie setzt die Möglichkeit voraus, Objekte zusammenzusetzen und zu zerlegen, und zwar jetzt in ganz abstrakter Form: Ein zusammengesetztes Objekt A&B sind zwei Objekte, A und B, die als eines *betrachtet* werden; ob sie in irgendeiner Weise zusammengeklebt oder- gesteckt werden, spielt dabei keine Rolle, sie können auch weit voneinander entfernt sein. Klassisch ist eine solche Zusammensetzung trivial: Jede Eigenschaft des Objekts A&B läßt sich ausdrücken als eine Eigenschaft des Objekts A und eine Eigenschaft des Objekts B. Nicht so in der Quantenmechanik. Zwar gilt auch hier: Die Angabe einer Eigenschaft (eines Zustands) von A und einer Eigenschaft von B gibt eine Eigenschaft des Objekts A&B an. Aber das Gesamtobjekt A&B hat noch viel mehr Eigenschaften[8]. Diese besondere und tiefe Eigenschaft des quantenmechanischen Formalismus ist noch gar nicht in der Fülle ihrer Konsequenzen erkannt. Wir kommen darauf in VIII 1d zurück

C. F. v. Weizsäcker (1971) verbindet beide Überlegungen in seiner *Hypothese der Ur-Objekte*, die lautet: „Alle Objekte sind zusammengesetzt aus

[8] Mathematisch ist das der Unterschied zwischen dem *direkten Produkt* und dem *Tensorprodukt* der beiden Zustandsräume. Das direkte Produkt zweier Mengen ist die Gesamtheit aller Paare (v, u), wenn v ein Element aus der ersten, u ein Element aus der zweiten Menge ist. Das Tensorprodukt zweier Vektorräume dagegen enthält, salopp gesprochen, außer allen Paaren von Vektoren je aus einem Vektorraum auch noch alle Linearkombinationen von solchen Paaren. Vgl. dazu Lehrbücher der Tensorrechnung, z. B. Halmos 1958. Vgl. auch VIII 1d.

einfachsten („Ur"-)Objekten, nämlich solchen, die je einen zweidimensionalen Zustandsraum haben". Dazu ist einige Erklärung notwendig, denn alle Begriffe werden sehr abstrakt gebraucht: „Objekt" ist gemeint in dem abstrakten Sinn, wie oben (VII 2) eingeführt, als Zusammenfassung möglicher Eigenschaften. Die Eigenschaften des „Urs" bilden einen zweidimensionalen Zustandsraum, d.h. eine Messung kann immer nur *zwei* Möglichkeiten unterscheiden: „Ja/Nein", „+/-", oder ähnlich. Ein kleineres Objekt mit unterscheidbaren Eigenschaften ist nicht denkbar. Das Ur kann z.B. keinen Ort haben — denn es gibt mehr als zwei Orte. Ein Ur ist also sehr verschieden von einem Teilchen, aber es ist *Atom* im radikalsten Sinne: Etwas „Kleineres" ist nicht einmal denkbar. — Solche Ure werden abstrakt zusammengesetzt zu Objekten, deren Zustandsraum Tensorprodukt von zweidimensionalen Ur-Räumen ist.

Die Behauptung der Ur-Hypothese ist, daß sich *jeder* Zustandsraum so zusammensetzen läßt. Das ist zunächst trivial: rein formal geht das immer, aber es besagt nichts. Bedeutung gewinnt die Hypothese erst durch Symmetrie-Überlegungen: Der Ur-Zustandsraum hat nämlich quantenmechanisch eine Symmetriegruppe, welche dieselbe Struktur hat wie die Drehgruppe im dreidimensionalen Raum (O(3)). Nach der Ur-Hypothese muß diese Gruppe fundamental sein, denn wenn alle Objekte aus Uren zusammengesetzt sind, dann muß eine Transformation aller Ure mit *demselben* Element der Ur-Symmetriegruppe eine Symmetrie-Transformation des Gesamtobjekts sein.

Führt man den Raum (nichtrelativistisch) als Parameter der Wechselwirkung ein, wie oben erläutert, dann ergibt sich aus der Ur-Hypothese dieser Raum als dreidimensional und geschlossen (relativistische Überlegungen lassen entsprechend die Konforme Gruppe [SO (4,2)] als fundamental erscheinen). Das ist aber mathematisch und begrifflich noch im Fluß[9]. Es fällt auf, daß sich ein ähnliches Bild ergibt wie bei der Kosmologie Segals (vgl. IV 5).

Dieser Blick auf gegenwärtige Überlegungen soll zeigen, wie allgemein und abstrakt mathematisch die Forschung wohl vorgehen muß, wenn sie die Einheit der Physik noch weiter vorantreiben und auch noch die Struktur des Raumes aus den Bedingungen der Möglichkeit von Erfahrung überhaupt verstehen will.

Wenden wir uns jetzt noch einmal der Quantenmechanik zu, die als physikalische Theorie schon „alt" ist, in deren Verständnis aber die letzten Jahre bedeutende Fortschritte gebracht haben. Anders als bei den zuletzt behandelten Theorien hat sich hier inzwischen eine starke Übereinstimmung herausgebildet.

[9] Vgl. L. Castell et al. 1975—1979.

VIII. INTERPRETATION DER QUANTENMECHANIK

Wir haben im V. Kapitel die Voraussetzungen und Gründe für die Entwicklung der Quantenmechanik geschildert, und einiges aus der beginnenden Diskussion über ihre Interpretation. Vor diesem Hintergrund — der den Leser auch in die Lage versetzen sollte, häufig erwähnte Problemkomplexe beim Namen zu kennen — wollen wir die Quantenmechanik jetzt etwas systematischer analysieren. Wir stützen uns dabei auf den modernen Stand der Diskussion und schließen an die Erörterung der letzten Kapitel an.

Die ersten beiden Abschnitte dieses Kapitels bedienen sich einer relativ technischen und kurzen Ausdrucksweise. Das scheint mir unvermeidlich, da der hier behandelte Gegenstand für die „Allgemeinbildung" bisher nicht aufbereitet ist, aber doch so wichtig, daß sich eine Beschäftigung damit lohnt. Die späteren Abschnitte sind aber auch ohne Kenntnis der Details aus den ersten beiden lesbar.

1. Verbandsstruktur

a) Logik

Wir wollen die Quantenmechanik jetzt ganz allgemein als eine Theorie über gesetzmäßige, empirisch prüfbare Voraussagen betrachten. Die Voraussagen können wie folgt zusammenhängen: z. B. so, daß eine Voraussage eine andere impliziert, oder daß eine Voraussage die Negation einer anderen ist, oder daß eine Voraussage einer anderen eine Wahrscheinlichkeit zuschreibt; außerdem können wir gelegentlich eine Voraussage als aus anderen zusammengesetzt betrachten, etwa: „Es wird schneien und frieren" aus „Es wird schneien" und „Es wird frieren".

Relationen zwischen Aussagen, sofern sie nicht Wahrscheinlichkeiten betreffen, behandelt die *formale Aussagenlogik.* Es ist hier nicht der Ort, die Diskussion über die Grundlagen der Logik zu referieren, so interessant sie ist — das würde ein eigenes Buch erfordern. Wir wollen in diesem Abschnitt nur an den bekannten Formalismus der „klassischen" Logik anknüpfen, um die Struktur der Quantenmechanik zu erläutern[1].

[1] Für eine ausführliche Erörterung verweise ich auf M. Drieschner 1979 und dort zitierte Literatur.

Wir betrachten als grundlegende Relation die *Implikation* A→B: „Wenn A wahr ist, dann ist auch B wahr". In der klassischen Logik wird die gesamte Aussage „A→B" wieder als Aussage vom selben Typ wie A oder B behandelt; sie kann wahr oder falsch sein, und welches von beiden sie ist, hängt von den Wahrheitswerten von A oder B ab: Die Implikation ist eine Wahrheitswertfunktion („A→B" ist falsch, wenn „A" wahr ist und „B" falsch, sonst wahr; „A→B" ist also als Wahrheitswertfunktion äquivalent der Funktion „¬ *A*∨B").

Wir betrachten in diesem Kapitel, anders als die klassische Logik, *Voraussagen* A und B; die Implikation muß daher hier lauten: „Wenn A notwendig ist, dann ist auch B notwendig". Diese Implikation ist selbst *nicht* eine Voraussage, sondern eine (immer-wahre oder immer-falsche) Aussage *über* mögliche Voraussagen („Metaaussage").

Die Implikation gibt der Menge der möglichen Voraussagen eine (Halb-) Ordnung — im mathematischen Sinn —, denn
1. gilt für beliebige A: A→A („Identitätssatz");
2. ist die Implikation *transitiv:* Wenn A→B und B→C dann gilt auch A→C; und
3. kann für verschiedene A und B nur entweder A→B oder B→A gelten, nicht beides (A→B *und* B→A bedeutet: A und B sind logisch äquivalent, also *dieselbe* Aussage).
Wenn es in dieser Ordnung zu je zwei Elementen A und B auch das *Infimum* (A ⊓ B) und das Supremum (A ⊔ B) gibt, dann nennt man die Struktur einen *Verband.* Das Infimum ist dabei definiert durch die Regeln: 1.) A⊓B → A, 2.) A⊓B → B. 3.) Wenn für irgendein X gilt: X→A und X→B, dann gilt auch X → A⊓B.
Das sind die Regeln, die in der Logik die Verknüpfung mit „und" definieren (Konjunktion). Ganz analog wird das Supremum definiert: man ersetze nur „⊓" durch „⊔" und „→" durch „←"; in der Logik entspricht dem die Verknüpfung durch „oder" (Disjunktion). — Die Struktur der klassischen Logik entspricht speziell der eines *Booleschen Verbandes* oder einer Booleschen Algebra.

Die Struktur der klassischen Logik ist dieselbe wie die der Untermengen einer Menge, wenn man die Implikation mit der Relation „ ⊂ " („Untermenge einer Menge", „Enthaltensein") vergleicht, das „und" mit dem Mengendurchschnitt, und das „oder" mit der Vereinigungsmenge. Diese Strukturgleichheit lernen schon die Schulkinder in der ersten Klasse an bunten Plättchen verschiedener Formen kennen: Der *Durchschnitt* der Menge der roten Plättchen und der Menge der runden Plättchen sind die Plättchen, die rot *und* rund sind; die Vereinigung der beiden Mengen enthält alle Plättchen, die rot *oder* rund sind (oder beides!); daß die Menge der grünen Plättchen die Menge der grünen dreieckigen Plättchen enthält, ist gleichbedeutend mit: „Wenn ein Plättchen grün und dreieckig ist, dann ist es grün". — Wie praktisch alle Beispiele für Grundgesetze der Logik ist das lächerlich evident. Die Untermengen einer endlichen Menge sind also, in Beziehung auf die genannten Relationen, sehr einfach strukturiert, und diese einfache Struktur hat auch die klassische Logik für eine endliche Alternative möglicher Aussagen. Für unendliche Alternativen gibt es gewisse Komplikationen, die aber für die Fragen, die uns hier interessieren, irrelevant sind. Stellen wir uns also immer eine endliche Anzahl von möglichen Aussagen vor, deren jede ein Objekt vollständig charakterisieren würde: Die Teilmengen dieser Menge von Aussagen stellen dann alle überhaupt möglichen Aussagen über dieses Objekt dar; sie bilden einen *Booleschen Verband*. Für das einfachste Objekt der klassischen Physik z. B., den Massenpunkt[2], wird eine vollständige Beschreibung durch einen Punkt im Phasenraum dargestellt (davon gibt es allerdings unendlich viele[3]); *jede* mögliche Aussage über den Massenpunkt ist darstellbar durch einen Teil des Phasenraums. Ähnliches gilt für alle Objekte der klassischen Physik: Es gibt eine fundamentale Alternative von vollständigen Beschreibungen des Objekts; in jedem Augenblick trifft eine dieser vollständigen Beschreibungen auf dieses Objekt zu — auch wenn man sie vielleicht nicht weiß; jede Eigenschaft des Objekts läßt sich darstellen durch die Menge derjenigen Aussagen aus der fundamentalen Alternative („vollständige Beschreibungen"), welche diese Eigenschaften implizieren; alle Eigenschaften zusammen bilden einen Booleschen Verband.

b) Quantenmechanik

In der Quantenmechanik gilt dies alles entsprechend, nur mit dem Unterschied, daß es *mehr als eine* fundamentale Alternative gibt. Das ist der entscheidende Unterschied zwischen Quantenmechanik und klassischer Physik, und wir wollen deshalb etwas dabei verweilen. Die möglichen vollständigen Beschreibungen eines Objekts („Atome" in der verbandstheoretischen Terminologie[4]) schließen sich in der klassischen Physik gegenseitig aus, genau eine dieser Beschreibungen trifft jeweils zu. Nennen wir eine solche Menge von Aussagen eine Alternative[5], genauer: *eine atomare Alternative.*

[2] Vgl. VII 2.

[3] Vgl. VI 4.

[4] Ein Atom ist definiert als eine Aussage, die von keiner anderen Aussage über dasselbe Objekt impliziert wird.

[5] Nach C. F. v. Weizsäcker und E. Scheibe. Eine Alternative ist also eine Menge von Aussagen, für die gilt: Ist eine der Aussagen wahr, dann sind alle anderen falsch; sind alle Aussagen bis auf eine falsch, dann ist diese eine wahr. — Wir müssen so vorsichtig formulieren, denn in der Quantenmechanik gilt *nicht*, daß immer genau eine Aussage aus einer Alternative wahr ist, sondern es können alle Aussagen einer Alternative Wahrscheinlichkeiten haben, die kleiner als 1 sind; die obige Definition ist dagegen auch für die Quantenmechanik brauchbar.

In der Quantenmechanik gibt es nun zu jedem Objekt *mehrere* atomare Alternativen. Z. B. der quantenmechanische Massenpunkt hat eine atomare Alternative, den Ort, und eine weitere atomare Alternative, den Impuls (neben unendlich vielen anderen). Die Angabe eines Ortes ist eine vollständige Beschreibung des Massenpunktes, die Angabe eines Impulses[6] ist ebenfalls eine vollständige Beschreibung des Massenpunkts; wenn aber eine Ortsangabe zutrifft, dann sind alle Impulswerte gleichwahrscheinlich (der Impuls ist „vollkommen unbestimmt"), und analog umgekehrt: Abstrakter Ausdruck der Komplementarität (V3). Ort und Impuls zugleich kann der quantenmechanische Massenpunkt nicht haben; Punkte im Phasenraum sind also keine mögliche Beschreibung.

Entsprechendes gilt für andere Objekte in der Quantenmechanik: Jedes hat *mehrere* atomare Alternativen (mathematisch gesehen unendlich viele). Der Zusammenhang zwischen den verschiedenen Alternativen wird hergestellt durch *Wahrscheinlichkeits-Beziehungen*[7]. Zu *jeder* atomaren Alternative gehört ein Boolescher Verband (der Verband aller Teilmengen, wie bei der klassischen Logik), und die vielen Booleschen Verbände eines quantenmechanischen Objekts sind miteinander verflochten zu einem Gesamt-Eigenschaftsverband, der nicht „Boolesch" ist.

Ein Gebilde, das so aus Booleschen Verbänden zusammengesetzt ist, heißt eine *orthomodulare Menge*; es ist eine (halb-)geordnete Menge, aber im allgemeinen kein Verband. Im Fall der Quantenmechanik ist es aber speziell ein Verband, der sogar (noch spezieller) das Projektions-Postulat (oder "Covering Law") erfüllt. Dieses Projektions-Postulat ist von verschiedenen Mathematikern in sehr vielen äquivalenten Formen verwendet worden, die alle kompliziert sind. Eine davon benutzt den Begriff der „idealen Messung 1. Art": Das ist eine Messung, *nach* der das Meßresultat als Eigenschaft des Objekts erhalten bleibt („1. Art"), und nach der außerdem alle weiteren Eigenschaften des Objekts erhalten bleiben, die das Objekt vorher hatte und die mit der Messung verträglich sind („ideal"). Das *Projektions-Postulat* verlangt nun, grob gesagt, daß der Formalismus ideale Messungen erster Art für alle Eigenschaften zuläßt so, daß hinterher wieder eine vollständige Beschreibung des Objekts zutrifft[8]. — Man sieht, das ist kompliziert, und die Experten sind sich darüber einig, daß man die physikalische Bedeutung des Postulats bisher nicht gut versteht.

Ein Verband mit diesen Eigenschaften hat die Struktur einer *Projektiven Geometrie,* der quantenmechanische speziell den einer *komplexen* Projektiven Geometrie[9];

[6] Technische Anmerkung für Theoretiker: Von dem Kontinuum-Problem, daß ein Orts- oder Impuls-Eigenzustand nicht im Hilbertraum ist, will ich hier absehen.

[7] Wir haben im obigen Beispiel gesehen: Wenn ein Ort die richtige Beschreibung ist, dann haben alle Impulswerte gleiche Wahrscheinlichkeit; es gibt aber andere Alternativen zum quantenmechanischen Massenpunkt, für die etwa eine Ortsangabe eine andere Wahrscheinlichkeitsverteilung impliziert.

[8] Für eine detaillierte Diskussion vgl. M. Drieschner 1979.

[9] Die Punkte dieser Geometrie entsprechen den Atomen des Verbands.

im strengsten quantenmechanischen Fall — bei vollständigem Indeterminismus, siehe unten — ist diese projektive Geometrie *irreduzibel* und damit isomorph (strukturgleich) dem Verband der Unterräume eines ***komplexen Vektorraums***; im allgemeinen Fall betrifft die Isomorphie eine *Familie* von komplexen Vektorräumen[10].

Die Wahrscheinlichkeitsbeziehungen sind — interessanterweise — durch die Verbandsstruktur schon vollständig festgelegt: In dem Verband der Unterräume eines Hilbertraums kann eine Wahrscheinlichkeitsverteilung nur die spezielle Form haben, die in der Quantenmechanik wirklich benutzt wird, nämlich

$$w(A) = \mathrm{Sp}\, W \cdot P_A,$$

was folgendes bedeutet: A sei ein Element des Verbands (entsprechend einer Eigenschaft des Objekts), das durch einen Unterraum des Hilbertraums dargestellt wird. Die Wahrscheinlichkeit w(A), daß bei einer Nachprüfung der Eigenschaft A diese gefunden wird, hängt ab vom augenblicklichen Zustand des Objekts, der durch den (positiven Spurklasse-)Operator W beschrieben wird, den „statistischen Operator" oder die „Dichtematrix"; und zwar ist die Wahrscheinlichkeit die *Spur* des Produkts von Dichtematrix und dem Projektor P_A auf dem obengenannten Unterraum zu A[11].

Es ist in den Überlegungen zur Quantenmechanik immer wieder gefragt worden, was denn die einzelnen Vektoren des Hilbertraums physikalisch bedeuten, und was z. B. ihre Addition. Nach dem eben dargestellten Bild, das wir uns heute von der Quantenmechanik machen können, müssen wir antworten: *„Nichts"*. Die Struktur der Quantenmechanik wird durch den Verband ausgedrückt (die komplexe Projektive Geometrie mit der Wahrscheinlichkeitsfunktion). Dieser Verband wird, zum leichteren Rechnen, als Verband der Unterräume des Hilbertraums dargestellt. Die weiteren Eigenschaften dieses Hilbertraums sind für die Quantenmechanik irrelevant. Man kann sich das etwa analog wie bei den Eigenschaften von Koordinaten vorstellen: daß der Breitengrad, auf dem ich lebe, die Summe der Breitengrade von Kopenhagen und Daressalam ist, bedeutet *physikalisch* nichts.

Die Tatsache, daß der Eigenschaftsverband der Quantenmechanik kein Boolescher Verband ist, wie in der klassischen Physik, sondern aus Booleschen Verbänden zusammengesetzt zu einer — technisch gesprochen —

[10] Die Anordnung der Atome in Alternativen, von der wir ausgegangen waren, gibt dem Vektorraum zusätzlich ein inneres Produkt, so daß es sich, genauer, um einen *Hilbertraum* handelt.

[11] Wird der Zustand des Objekts durch ein Atom des Verbandes (einen eindimensionalen Unterraum) ψ richtig gekennzeichnet, dann ist $W = P_\psi$ selbst ein Projektor, der Zustand heißt ein „reiner Fall". Im allgemeinen Fall kann W als Linearkombination solcher Projektoren dargestellt werden, $W = \sum_i \alpha_i P_{\psi_i}$, wobei $\alpha_i \geq 0$ und $\sum_i \alpha_i = 1$: das heißt ein „Gemenge" oder „Gemisch". Ich möchte diesen Fall interpretieren wie in der klassischen Physik: Wenn man genügend über das Objekt wüßte, könnte man den zutreffenden reinen Fall (ein Atom des Verbandes) angeben; man weiß aber nur verschiedene Möglichkeiten für den vorliegenden reinen Fall, mit zugehörigen Wahrscheinlichkeiten; dieses unvollkommene Wissen wird durch das Gemenge ausgedrückt.

orthokomplementären komplexen Projektiven Geometrie, diese Tatsache faßt die Besonderheiten der Quantenmechanik zusammen, die zu den vieldiskutierten „Interpretationsfragen" geführt haben. Unmittelbar am Formalismus können wir zwei dieser Besonderheiten ablesen, die praktisch allen Rätseln über die Quantenmechanik zugrunde liegen: den Indeterminismus und die besondere Zusammensetzung von Objekten.

c) Indeterminismus

Beim Booleschen Eigenschaftsverband der klassischen Physik konnte man davon ausgehen, daß jede mögliche Eigenschaft eines Objekts entweder wahr oder falsch ist, so daß andere Wahrscheinlichkeiten als 0 oder 1 nur als Ausdruck mangelnden Wissens vorkommen konnten; *an sich* hat im Weltbild der klassischen Physik jedes Objekt zu jeder Zeit bestimmte Eigenschaften, alle anderen hat es nicht. Gibt es nun physikalische Gesetze, welche die Änderung des Zustandes eines Objekts in der Zeit beschreiben, dann kann man daraus, bei genügender Kenntnis aller Umstände, die an sich vorliegenden Eigenschaften des Objekts zu jeder Zeit ausrechnen. Ein übermenschlicher Geist, der den Zustand der Welt zu einer Zeit ganz genau kennt, und der außerdem die Bewegungsgleichungen für die ganze Welt lösen kann, ein solcher „Laplacescher Dämon" wüßte alles, was in der Welt geschieht, in jedem Detail für alle Zeiten, ob vergangen oder künftig. Der Formalismus der klassischen Physik legt also eine deterministische Auffassung von der Welt als einer großen Maschine nahe, die „an sich" abläuft.

In Kenntnis der Quantenmechanik müssen wir die klassische Beschreibung von Eigenschaften „an sich" als Spezialfall allgemeinerer *Voraussagen* ansehen, die etwa lauten: „Wenn man die Eigenschaften A nachprüft, wird man sie mit der Wahrscheinlichkeit w(A) finden". In dem speziellen Fall, daß alle Wahrscheinlichkeiten (abgesehen von mangelndem Wissen) 0 oder 1 sind, kann man einer solchen Voraussage die Form geben: „Wenn ich X nachprüfen *würde*, dann würde ich mit Sicherheit X finden (bzw. nicht finden).": Der berühmte irreale Konditionalsatz ("counterfactural"[12]). Dafür kann ich dann auch sagen: „Die Eigenschaft X liegt *an sich* vor". — Der allgemeine Fall ist aber gekennzeichnet durch einen fundamentalen *Indeterminismus*, der von einer Eigenschaft auszusagen zwingt: „Manchmal werde ich sie finden, manchmal nicht", und zwar auch dann, wenn ich alles weiß, was man über das Objekt wissen kann. Dieser Intederminismus ist *fundamental*, er schließt die Interpretation aus, jede Eigenschaft liege an sich vor oder

[12] Vgl. W. Stegmüller 1969.

nicht, auch wenn ich es nicht weiß. Die Quantenmechanik widerspricht dem Bild der klassischen Physik von der Welt als einer Maschine, einer überdimensionalen Uhr oder einer an sich ablaufenden Wirklichkeit.

d) Zusammensetzung von Objekten

Betrachten wir ein Objekt A, das durch eine der Eigenschaften aus der (atomaren) Alternative $\{a_1, a_2, \ldots, a_n\}$ vollständig beschrieben wird, und ein Objekt B, zu dem in gleicher Weise die Alternative $\{b_1, b_2, \ldots, b_c\}$ gehört.

Wir können die beiden Objekte rein gedanklich zu einem neuen Objekt zusammenfassen, nennen wir es A&B, das durch eine der Eigenschaften $a_i \wedge b_j$ ($\wedge$ = „und") vollständig beschrieben wird. — Ist die atomare Alternative jeweils die einzige zu ihrem Objekt, wie in der klassischen Physik, dann ist damit der Fall erledigt: a_i ist die vollständige Angabe aller Eigenschaften von A, b_j die aller Eigenschaften von B — also gibt $a_i \wedge b_j$ vollständig alle Eigenschaften von A&B an. Die (einzige) atomare Alternative von A&B ist: $\{a_1 \wedge b_1, a_1 \wedge b_2, \ldots, a_1 \wedge b_c, a_2 \wedge b_1, \ldots, a_2 \wedge b_c, \ldots a_n \wedge b_c\}$, das „direkte Produkt" der beiden Alternativen. Sind etwa A und B Massenpunkte, mit je einem 6-dimensionalen Phasenraum als atomarer Alternative, dann ist die atomare Alternative des Systems A&B (zwei Massenpunkte) der 12-dimensionale Phasenraum, direktes Produkt der beiden 6-dimensionalen.

In der Quantenmechanik sieht das anders aus: Das direkte Produkt *jeder* atomaren Alternative von A mit *jeder* atomaren Alternative von B ergibt eine atomare Alternative von A&B. Sind die beiden Objekte statistisch unabhängig, dann muß außerdem die Wahrscheinlichkeit für das zusammengefaßte Objekt das Produkt aus den Wahrscheinlichkeiten für die Einzelobjekte sein. Da zudem der Verband des Gesamtobjekts wieder ein Hilbertraum-Verband sein muß, liegt seine Struktur fest: Der Hilbertraum des Gesamtobjekts A&B ist das *Tensorprodukt* der beiden Hilberträume der Einzelobjekte A und B, in Zeichen:

$$\mathcal{H}_{A\&B} = \mathcal{H}_A \otimes \mathcal{H}_B.$$

Das Tensorprodukt kann man sich so konstruieren: Man nehme eine *beliebige* atomare Alternative $\{a_1, a_2, \ldots, a_n\}$, Basis von $\mathcal{H}_A$, und eine *beliebige* atomare Alternative $\{b_1, \ldots, b_c\}$, Basis von $\mathcal{H}_B$, und bilde deren direktes Produkt $\{a_1 \wedge b_1, a_1 \wedge b_2, \ldots a_n \wedge b_c\}$, wie oben. Der von dieser Produkt-Alternative als Basis aufgespannte Vektorraum ist das Tensorprodukt der beiden Vektorräume, wenn die Produktbildung bilinear ist; die Konstruktion ist von der Wahl der Basen unabhängig[13].

Das innere Produkt im Tensorraum ist definiert als $(a_i \wedge b_j, a_r \wedge b_s) = (a_i, a_r) \cdot (b_j \cdot b_s)$, „sesquinilear".

[13] Für eine mathematisch ordentliche Konstruktion vgl. z. B. Jauch 1968.

Der wichtigste Punkt ist hierbei der Unterschied zwischen dem direkten Produkt und dem Tensorprodukt: Das direkte Produkt ist im Tensorprodukt enthalten, letzteres ist aber viel größer. Das bedeutet: Jede Angabe eines Zustands a des Objekts A und eines Zustands b des Objekts B beschreibt zusammen einen Zustand des Gesamtobjekts A&B; darüber hinaus gibt es aber viel mehr Zustände des Gesamtobjekts A&B, die sich nicht so beschreiben lassen, mathematisch gesagt sind das *fast alle*. In fast allen Zuständen des Gesamtobjekts gibt es also nicht die beiden Teile A und B, sondern sie sind nur *potentielle* Teilobjekte — anders als z. B. bei einem klassischen System von mehreren Massenpunkten, das *immer* aus diesen Massenpunkten besteht in dem Sinn, daß die Angabe der Eigenschaften des Gesamtobjekts auch alle Teile erschöpfend beschreibt. Das quantenmechanische Objekt wird, auch wenn es zunächst aus unabhängigen Teilobjekten besteht, bei einer Wechselwirkung zwischen den Teilen alsbald in einen Zustand übergehen, der nicht mehr durch die Zustände dieser Teilobjekte beschrieben werden kann. — Wichtig wird diese Struktur vor allem bei der Diskussion des Meßprozesses und beim Paradox von Einstein, Podolsky und Rosen (s. u.).

2. Begründung a priori

Die Grundlagen der Quantenmechanik sind in der verbandstheoretischen Beschreibung, wie sie im vorigen Abschnitt geschildert worden ist, so allgemein, daß wir einen konkreten Versuch einer *transzendentalen* Begründung wagen können. Ich kann in dieser Übersicht allerdings nur die Hauptschritte nennen und muß für die nähere Ausführung auf die Spezialliteratur verweisen[14].

Wir knüpfen an die Definition von VII 3 an: Physik ist eine Theorie für Gesetze über Voraussagen, und das heißt notwendigerweise, eine Theorie, welche die Voraussagen über Objekte mit Wahrscheinlichkeiten belegt. Das Objekt ist selbst definiert durch die Gesamtheit seiner möglichen kontingenten Eigenschaften, und es ist vollständig beschrieben, wenn zu jeder dieser Eigenschaften eine Wahrscheinlichkeit angegeben wird; und zwar eine Wahrscheinlichkeit als Voraussage über das Objekt selbst, nicht als Ausdruck unseres Mangels an Wissen[15]. Damit läßt sich aus unserem Objektbegriff die

[14] Vgl. wiederum M. Drieschner 1979 und dort angegebene Quellen, besonders auch C. F. v. Weizsäcker 1971.

[15] Diese Kurzform der Behauptung gibt zu Mißverständnissen Anlaß, denen ich wenigstens mit Andeutungen in technischem Vokabular entgegentreten möchte: Die Voraussage „über das Objekt selbst" kann auch als Aussage über Gesamtheiten ("ensembles") formuliert werden; der hier angesprochene Unterschied ist der zwischen *reinen* und *gemischten* Gesamtheiten.

Existenz von Verbands-*Atomen* und die Behauptung, daß zu jeder Zeit ein Atom des Verbandes das Objekt richtig beschreibt, begründen. Dies ist ein grundlegender Zug der Quantenmechanik, dessen Notwendigkeit allerdings gelegentlich auch bestritten wird; uns erscheint er hier als eine Eigenschaft, die a priori jeder Physik zukommt.

Grundlegend ist weiterhin die *Negation*: Jede empirische Feststellung von A entscheidet, ob A vorliegt oder ob $\neg$A („nicht-A") vorliegt. $\neg$A ist also die ganz bestimmte Negation von A, nämlich das Ergebnis einer Entscheidung von A, bei der A nicht herauskommt. — Diese Struktur der Negation ist nicht empirisch gefunden, es ist kein empirischer Befund denkbar, der sie widerlegen würde; sondern sie gehört zu den Vorbedingungen von empirischen Befunden überhaupt, sie ist a priori gültig. — Aus ihr folgt der *orthomodulare* Charakter der Eigenschaftsmenge in der Theorie, also ihre Zusammensetzung aus Booleschen Verbänden. Wir lassen hier die („klassische") Möglichkeit zu, daß die Eigenschaften insgesamt nur *einen* Booleschen Verband bilden, aber wir wollen uns nicht auf diesen Fall beschränken.

Ein nächster großer Schritt wäre die Begründung a priori des *Projektionspostulats*. Hier fehlt aber, wie oben gesagt (VIII 1b), bisher das „physikalische" Verständnis. Wir können die oben erläuterte Formulierung für „ideale Messungen 1. Art" interpretieren als die Forderung: „Eine vollständige Beschreibung mit einer zusätzlichen Bedingung ist vollständig" — was immerhin sehr plausibel ist, aber damit noch nicht a priori gewiß[16]. Es besteht eine gewisse Hoffnung, daß man aus Forderungen an die Zusammensetzung von Objekten das Projektionspostulat ableiten kann. Denn das Tensorprodukt zweier Vektorräume vereinigt ganz wunderbar die notwendigen Eigenschaften, das heißt, es enthält das direkte Produkt in der richtigen Weise und ergibt dazu die richtigen Wahrscheinlichkeiten für unabhängige Objekte. Es ist bisher nicht gelungen, etwas Analoges für allgemeinere orthomodulare Verbände zu konstruieren, und es ist denkbar, daß es eine solche Möglichkeit *nur* dann gibt, wenn das Projektionspostulat gilt. Damit wäre dann die Notwendigkeit des Projektionspostulats begründet, denn Objekte zusammensetzen muß man doch können!

Damit wäre die Verbandsstruktur der Projektiven Geometrie abgeleitet, und erst jetzt trennen sich in diesem Aufbau die Wege von klassischer Physik und Quantenmechanik: Der klassischen Physik entspricht, in dieser Sprache, eine vollständig *reduzible* Projektive Geometrie. Das ist sozusagen ein Sack voll Punkte, ohne jede weitere Struktur, bei dem je zwei Punkte eine Gerade heißen, beliebige drei Punkte eine Ebene, etc.; wir finden wieder *jede* Untermenge der Punktmenge als Element des Verbands, der Verband hat die

[16] Vgl. M. Drieschner 1979, VI 13.

Struktur *eines* Booleschen Verbands. Dem steht die *irreduzible* Projektive Geometrie gegenüber, dadurch definiert, daß jede Gerade wenigstens drei Punkte enthält. Dieses geometrische Kriterium entspricht dem *Indeterminismus*: Der Eigenschaftsverband mit der Struktur einer Projektiven Geometrie ist genau dann irreduzibel, wenn es zu jedem seiner Elemente wenigstens einen „reinen Fall" gibt, in dem die Wahrscheinlichkeit dieses Elements weder 0 noch 1 ist — d.h., in dem der Ausgang einer Messung der entsprechenden Eigenschaft „indeterminiert" ist.

Im Rahmen unserer transzententalen Argumentation müssen wir jedenfalls die Möglichkeit des Indeterminismus offenhalten. In unserer Diskussion der Voraussagen (VI 1) fanden wir die Offenheit der Zukunft ein Prinzip aller Erfahrung, so daß die Beschränkung auf den vollständig reduziblen Fall a priori unplausibel scheint. — In der Quantenmechanik, wie wir sie heute kennen, kommen tatsächlich alle Arten von Übergangsformen vor, teilweise reduzible Geometrien oder, anders ausgedrückt, *Familien* von mehreren irreduziblen Geometrien (in der physikalischen Terminologie meist als „Superauswahlregeln" bezeichnet).

Eine irreduzible Projektive Geometrie ist isomorph dem Verband aller Unterräume eines Vektorraums über einem Zahlkörper (Schiefkörper) K; das ist ein bekannter „Hauptsatz der Projektiven Geometrie". Bleibt zur vollständigen Charakterisierung unseres Eigenschaftsverbands also nur noch der Zahlkörper zu wählen. Ein p-adischer Körper kommt nicht in Frage, da er kein Orthokomplement zulassen würde, das die Negation darstellt. Sehr allgemeine topologische Argumente lassen nur drei Möglichkeiten übrig, nämlich die reellen Zahlen, die komplexen Zahlen und die Quaternionen. Letztere lassen kein Tensorprodukt mit den richtigen Wahrscheinlichkeiten zu, so daß ernstlich nur die reellen und komplexen Zahlen in Frage kommen. In einer „reellen" Quantenmechanik scheint immer die Möglichkeit zu bestehen, je zwei Koordinaten zu einer komplexen zusammenzufassen — aber das ist bisher das schwierigste Argument für die Auswahl des Zahlkörpers, die insgesamt noch nicht a priori gewiß genannt werden kann.

Mit dieser letzten Bedingung, daß *komplexe* Zahlen verwendet werden, ist die Struktur des quantenmechanischen Eigenschaftsverbandes festgelegt, einschließlich der Wahrscheinlichkeitsbeziehungen, welche aus der Negationsrelation folgen — es ist die Struktur des Verbands der (abgeschlossenen) Unterräume eines Hilbertraumes. Die allgemeine Form der zeitlichen Änderung ergibt sich daraus praktisch zwangsläufig so, wie sie in der *Schrödingergleichung* beschrieben wird.

Technisch gesprochen wird die zeitliche Änderung dargestellt durch eine einparametrige Gruppe von Automorphismen, mit dem Parameter t, die Zeit darstellend. D.h. für den Zustand $\psi(t)$ zur Zeit t gilt, wenn $\psi(0)$, der Zustand zur Zeit 0, gegeben ist:

$$\psi(t) = e^{iHt}\psi(0).$$

Das ist die („zeitabhängige") Schrödingergleichung, mit dem selbstadjungierten „Hamiltonoperator" H, der den speziellen Charakter der zeitlichen Änderung enthält. Dabei ist i die imaginäre Einheit und t der Zeitparameter.

Soweit die Andeutungen zur Axiomatik. Man sieht, es ist bisher keine transzendentale Begründung dieser abstrakten Struktur der Quantenmechanik vorzuweisen, aber nach den vorgeführten Argumenten ist es immerhin denkbar, daß eine solche Begründung eines Tages möglich wird. Allerdings fehlt bei der hier genannten Axiomatik noch viel zu einer konkreten, anwendbaren Theorie: Nicht einmal Orte kamen bisher vor, geschweige denn bestimmte Hamiltonoperatoren. Was hier transzendental begründet würde, ist andererseits nur ein kleiner Teil der Physik, wenn auch der begrifflich fundamentale und vielleicht interessanteste. Man kann wohl nicht erwarten, daß eine transzendentale Begründung eines Teils der Physik gelingen kann, sondern man wird nur das konsistente Ganze als a priori gegeben sehen können — und das Ganze auf einmal zu finden ist vielleicht zu schwer (vgl. v. Weizsäcker 1971, Castell et al. 1975, 1977). — Immerhin scheint doch die dargestellte Analyse ein besseres Verständnis gerade derjenigen Teile der Quantenmechanik zu ermöglichen, die seit deren Entdeckung als besonders rätselhaft gelten.

3. Interpretationsprobleme

Betrachten wir nun, vor dem Hintergrund der allgemeineren Erörterungen, die viel diskutierten „Interpretationsprobleme der Quantenmechanik" einzeln und im Detail.

a) Welle-Teilchen

Zunächst läßt sich der rätselhafte „Dualismus zwischen Welle und Teilchen" jedenfalls durch eine genauere Formulierung klären: Ein Elektron, Photon, Kern etc. kann nur an einem Ort, also als Teilchen nachgewiesen werden. Die *Wahrscheinlichkeit*, daß das Teilchen an einem Ort nachgewiesen wird, breitet sich nach Art einer Welle aus. Und zwar ist die Wahrscheinlichkeit die Intensität $|\psi|^2$ eines komplexen Feldes $\psi(x)$, das sich nach der Schrödingergleichung verändert — wie oben abstrakt angegeben. Da das Feld $\psi(x)$ auch negative Werte annehmen kann, im Gegensatz zur Wahrscheinlichkeit, können verschiedene Wellen dieses Feldes *interferieren*, sich also z.B. an einem Ort gegenseitig auslöschen. Wir wollen diese Verhältnisse, und zugleich die Behauptung, daß gemäß der Quantenmechanik den Objekten keine Eigenschaften an sich zukommen, an dem bekannten Zwei-Spalte-Experiment illustrieren:

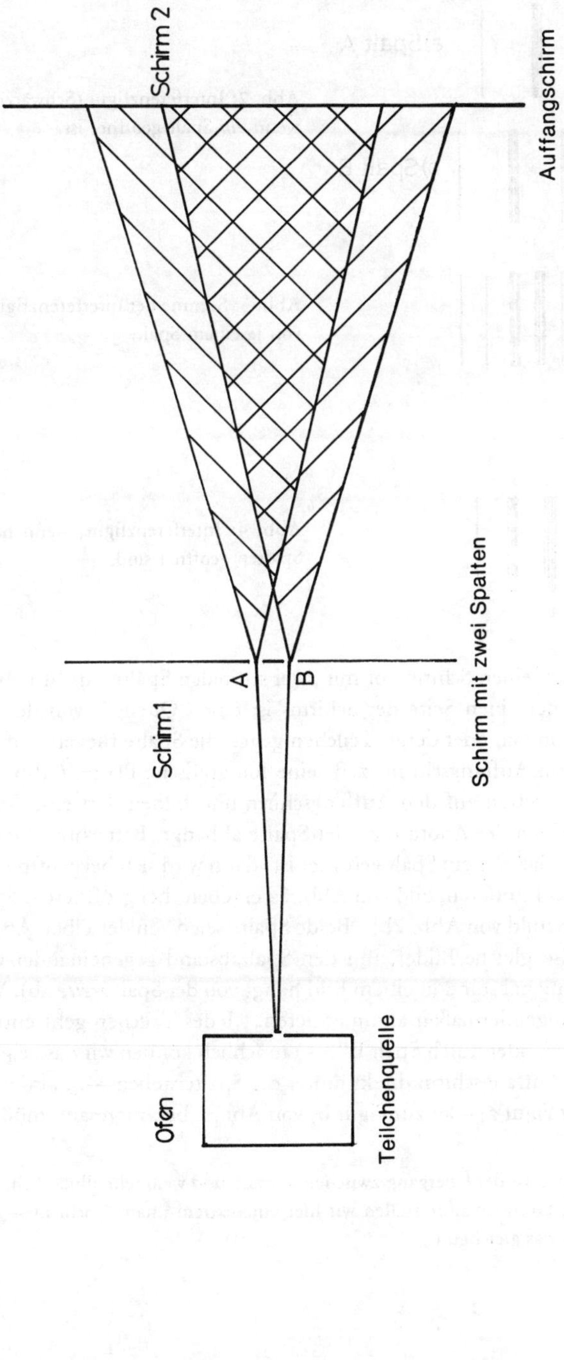

Abb. 1: Anordnung zum Zwei-Spalte-Experiment.

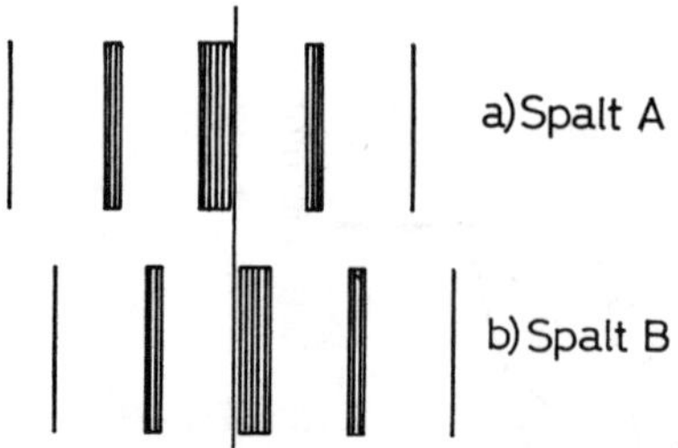

Abb. 2: Interferenzfigur (Schwärzung) wenn *ein* Spalt geöffnet ist.

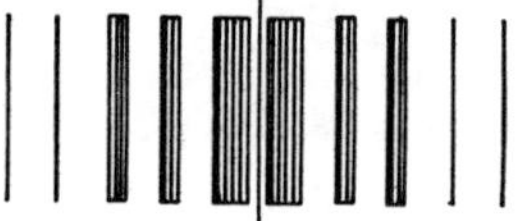

Abb. 3: Summe der Interferenzfiguren von je einem Spalt.

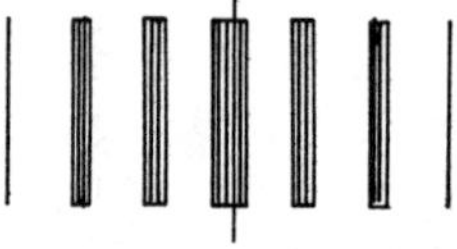

Abb. 4: Interferenzfigur, wenn beide Spalten geöffnet sind.

Stellen Sie sich einen Schirm vor mit zwei schmalen Spalten dicht nebeneinander. Auf der einen Seite des Schirms ist eine „Quelle", von der aus Elektronen, Photonen oder dergl. Teilchen gegen die Spalte fliegen, auf der anderen Seite ein Auffangschirm, z. B. eine fotografische Platte. (Abb. 1).

Die Teilchen treffen auf den Auffangschirm und bilden dort eine *Interferenzfigur*, die von der Anordnung der Spalte abhängt. Betrachten wir zunächst den Fall, daß nur ein Spalt geöffnet ist; dann wird sich bei geöffnetem Spalt A etwa das Interferenzbild von Abb. 2a ergeben, bei geöffnetem Spalt B das Interferenzbild von Abb. 2b[17]. Beide Spalte seien von derselben Art, es ergeben sich also gleiche Bilder, um den Spaltabstand gegeneinander verschoben (der Linienabstand in einem Bild hängt von der Spalt*breite* ab). Wir könnten nun folgendermaßen argumentieren: „Jedes Teilchen geht entweder durch Spalt A oder durch Spalt B" — tatsächlich können wir das zeigen, indem wir den Auffangschirm direkt hinter die Spalte stellen —, „also trägt es entweder zur Figur a) oder zur Figur b) von Abb. 2 bei; insgesamt müßten

[17] In Wirklichkeit ist der Übergang zwischen schwarz und weiß sehr allmählich, aus drucktechnischen Gründen unterstellen wir hier eine extrem „harte" Schicht — für das Argument ist das gleichgültig.

sich also, wenn beide Spalten geöffnet sind, beide Interferenzfiguren zugleich ergeben" (Abb. 3).

In Wirklichkeit ergibt sich aber eine ganz andere Figur, nämlich das aus der Optik bekannte Youngsche Interferenzbild am Doppelspalt (Abb. 4).

Der Linienabstand hängt nicht von der Breite eines Spalts, sondern vom *Abstand* der beiden Spalten ab. Das Argument oben war also falsch. Woran liegt das? Es liegt jedenfalls nicht daran, daß verschiedene Teilchen, die zugleich durch die Spalte fliegen, *miteinander* interferieren; denn der Effekt bleibt unverändert, wenn die Intensität aus der Quelle so gering wird, daß praktisch immer nur ein einziges Teilchen unterwegs ist: Wären die Spalte abwechselnd geöffnet, würde sich die Figur von Abb. 3 ergeben; sind sie zugleich geöffnet, ergibt sich die ganz andere Figur von Abb. 4. Wir müssen also sagen, daß die ψ-Funktion *eines* Teilchens mit sich selbst interferiert.

Offenbar war der Ausgangspunkt unseres Arguments falsch, daß jedes Teilchen entweder durch Spalt A oder durch Spalt B fliegt. Zwar können wir, wenn wir die Teilchen direkt am Spalt nachweisen, jedes entweder bei Spalt A oder bei Spalt B nachweisen; aber der Schluß, daß jedes *an sich* durch einen der beiden Spalte fliegt, ist falsch. Die Beschreibungen zu den beiden einander ausschließenden Meßanordnungen sind im Sinne Bohrs komplementär. Das ist nichts Mystisches; wir drücken es in der bisher gebrauchten Sprache so aus: Das Wahrscheinlichkeitsfeld (also die Voraussage für Experimente, ein Teilchen an einem Ort zu finden) ergibt eine räumlich streifenartig verteilte Wahrscheinlichkeit; viele Experimente, die derselben Prognose gehorchen, ergeben relative Häufigkeiten entsprechend diesen Voraussagen; diese vielen Experimente, alle auf einer Fotoplatte vereinigt, ergeben eine Figur, bei der die Schwärzung der zu demselben Ort gehörigen Wahrscheinlichkeit proportional ist.

Erinnern wir uns hier noch einmal an „Schrödingers Katze" (vgl. II). Nach dem bisher Gesagten kann man die Auflösung des „Paradoxons" jetzt so ausdrücken: Die ψ-Funktion ist nicht eine Eigenschaft des Objekts (hier der Katze), sondern Voraussage des Ergebnisses möglicher Messungen. Hier wird vorausgesagt, daß man bei vielen derartigen Versuchen die Katze in der Hälfte der Fälle tot, in der anderen Hälfte der Fälle lebendig finden wird — aber in jedem der Fälle natürlich eins von beiden.

b) Klassische Begriffe

Nehmen wir noch einmal die Erzählung über Bohrs Institutstee auf (vgl. II): Bohr wurde nicht müde, zu betonen, daß wir gezwungen sind, auch für die Quantenmechanik an eine eindeutige Beschreibung unserer unmittelbaren Erfahrung anzuknüpfen, an die „wunderbare Einheit der klassischen Physik". Die Quantenmechanik gibt Wahrscheinlichkeiten für *mögliche* Meßergebnisse; für die eindeutige Beschreibung der Messung und eines „vorliegenden" Meßergebnisses brauchen wir aber die Begrifflichkeit der klassischen Physik. Die Quantenmechanik beschreibt Möglichkeiten, Voraussagen; die klassische Physik Fakten, objektiv Vorliegendes.

Damit kommen wir aber in eine paradoxe Situation: Einerseits wurde die Quantenmechanik eingeführt, weil die klassische Physik bestimmte Phänomene nicht erklären konnte; nach der Quantenmechanik ist die klassische Physik falsch. Andererseits setzt offenbar die Quantenmechanik die klassische Physik voraus, denn sie bezieht sich auf Messungen, die innerhalb der Quantenmechanik nicht beschrieben werden. Das ist nur vereinbar, wenn die beiden Theorien *näherungsweise* übereinstimmen; daß sie es nicht in Strenge tun, kann man deswegen akzeptieren, weil insgesamt die Physik auf einer Näherung beruht (VII 1).

c) Meßprozeß

Im technischen Detail wird das Problem der klassischen Begriffe als der „quantenmechanische Meßprozeß" abgehandelt. Praktisch alle begrifflichen Probleme der Quantenmechanik tauchen in diesem Zusammenhang auf, und es gibt zum Meßprozeß eine unerschöpfliche Literatur; wir müssen uns in dieser Einführung auf Andeutungen beschränken (vgl. G. Süßmann 1958, P. Mittelstaedt 1963).

Der Zustand eines quantenmechanischen Objekts, an dem nichts gemessen wird, ändert sich kontinuierlich gemäß der Schrödinger-Gleichung (vgl. VIII 2). Bei einer Messung ändert sich der Zustand dagegen plötzlich und in ganz anderer Weise: Der Zustand vor der Messung gibt die Wahrscheinlichkeiten für die verschiedenen Meßergebnisse an, die im allgemeinen kleiner als 1 sind; nach der Messung ist dann *ein* Ergebnis eingetreten, alle anderen nicht, es liegt plötzlich derjenige Zustand vor, in dem dieses Ergebnis das einzig mögliche ist („Reduktion des Wellenpakets"). — Diese Reduktion ist allerdings nichts speziell Quantenmechanisches, sie tritt bei jeder Beschreibung mit Wahrscheinlichkeiten auf. Es sei z. B. ein Würfel geworfen, aber der Würfelbecher liege noch darüber. Die Wahrscheinlichkeit, beim Aufheben des Würfelbechers eine Fünf vorzufinden, ist dann im allgemeinen 1/6. Wenn ich aber einmal hingeschaut habe, dann ist für weiteres Hinschauen die Wahrscheinlichkeit der Fünf 1 oder 0 — je nachdem ob ich sie vorgefunden habe oder nicht —, die Wahrscheinlichkeitsfunktion ist durch das Hinschauen „reduziert" worden. Diese plötzliche Änderung liegt im Wahrscheinlichkeitscharakter der Quantenmechanik und ist unvermeidlich. Das gelegentlich formulierte Staunen darüber stammt aus der Auffassung, der Zustand eines Objekts komme diesem als Eigenschaft an sich zu und sollte sich deshalb nicht sprunghaft ändern.

Es gibt aber eine weitere Änderung des Zustands im Lauf der Messung, deren Verständnis große Schwierigkeiten macht; sie ist ebenfalls unter dem Namen „Reduktion des Wellenpakets", oder „Verschwinden der Interferenzterme" bekannt. Es handelt sich dabei um eine Inkonsistenz innerhalb der Postulate der Quantenmechanik selbst. Das läßt sich nur mit einigem Formalismus näher erklären:

Nehmen wir an, wir messen eine Größe A mit (der Einfachheit halber) zwei möglichen Werten a_1 und a_2. Die Zustände des Objekts, die zu diesen Werten gehören, seien ψ_1 bzw. ψ_2; die Zustände des Meßgeräts, die das Vorliegen der Werte anzeigen, seien χ_1 bzw. χ_2. Die Postulate der Quantenmechanik besagen folgendes: Ist das gemessene Objekt vor der Messung im Zustand ψ_1, dann muß auf Grund der Meß-Wechselwirkung schließlich der Zustand $\psi_1 \wedge \chi_1$ des Gesamtobjekts (gemessenes Objekt & Meßgerät) vorliegen, denn das Meßergebnis a_1 war ja *notwendig* (das besagt der Zustand ψ_1, nach Voraussetzung), und χ_1 zeigt dieses Ergebnis a_1 an; analog muß der Endzustand $\psi_2 \wedge \chi_2$ werden, wenn der Zustand des gemessenen Objekts vor der Messung ψ_2 war. Nach der Quantenmechanik erzeugt dann die Meßwechselwirkung, wenn das gemessene Objekt ursprünglich in dem beliebigen Zustand $\psi = \beta_1\psi_1 + \beta_2 \cdot \psi_2$ ist (mit beliebigen komplexen Zahlen β_1, β_2, so, daß $|\beta_1|^2 + |\beta_2|^2 = 1$) den Endzustand des Gesamtobjekts

$$\Phi = \beta_1 \cdot \psi_1 \wedge \chi_1 + \beta_2 \cdot \psi_2 \wedge \chi_2.$$

Dies ist eine für die Quantenmechanik grundlegende Argumentation. Wir können aber auch etwas anders argumentieren, ebenso grundlegend für die Quantenmechanik:

Der Zustand ψ des gemessenen Objekts bedeutet, daß man mit der Wahrscheinlichkeit $|\beta_1|^2$ das Ergebnis a_1 und mit der Wahrscheinlichkeit $|\beta_2|^2$ das Ergebnis a_2 finden wird. D. h. nach der Messung wird das Gesamtobjekt mit der Wahrscheinlichkeit $|\beta_1|^2$ in dem Zustand sein, welcher dem Meßergebnis a_1 entspricht, d. h., $\psi_1 \wedge \chi_1$, und entsprechend für a_2. Das Gesamtobjekt wird also nach der Messung — solange das Meßergebnis nicht berücksichtigt ist — durch den statistischen Operator W beschrieben:

$$W = |\beta_1|^2 \cdot P_{\psi_1 \wedge \chi_1} + |\beta_2|^2 \cdot P_{\psi_2 \wedge \chi_2}.$$

W ist die gewichtete Summe von zwei Projektoren und stellt *nicht den Zustand* Φ dar, außer wenn eins der β_i verschwindet; dem Zustand Φ entspricht vielmehr der statistische Operator

$$W' = P_\Phi.$$

Sowohl das gemessene Objekt wie auch das Meßgerät werden, je für sich betrachtet, durch die beiden statistischen Operatoren W und W′ gleich beschrieben. Der Unterschied liegt in der Korrelation *zwischen* beiden Objekten, die bei einer guten Messung sehr klein, aber *nicht Null* sein kann. Es wird deshalb argumentiert, zur Messung gehöre der gedankliche *Schnitt* zwischen gemessenem Objekt und Meßgerät, oder auch zwischen Objekt und beobachtendem Subjekt. Das mag richtig sein, aber es ändert nichts an der Tatsache, daß die Postulate, die zu Recht an die Quantenmechanik gestellt werden, formalistisch konsequent durchgezogen zu einem Widerspruch führen.

Die Lösung liegt m. E. im Hinweis auf den prinzipiellen Näherungscharakter der Physik: Eine Theorie empirisch prüfbarer Voraussagen wäre nicht möglich ohne die Trennung von Objekten aus ihrer Umwelt. Andererseits vernachläßigt eine solche Trennung immer Verbindungen, die in Wirklichkeit bestehen (VII 1); strenggenommen ist also eine solche Theorie niemals richtig. Man braucht sich daher nicht zu wundern, wenn bei der Theorie des Meßprozesses dasselbe Problem innerhalb des Formalismus wieder auftaucht: Da schon in der Grundlage der ganzen Theorie die Näherung getrennter Objekte eingebaut ist, kann man hier getrost dieselbe Näherung noch einmal machen.

Der Konflikt zwischen klassischer Physik und Quantenmechanik entstand in der Theorie der Messung nur durch die Forderung, daß auch das Meßgerät sich *quantenmechanisch* beschreiben lassen muß. Zunächst ist nur seine klassische Beschreibung klar: Das Meßgerät muß so beschaffen sein, daß es nach einer Wechselwirkung mit dem gemessenen Objekt den richtigen Meßwert „anzeigt", d. h. daß es *objektiv* in einem Zustand ist, an dem jedermann den gemessenen Wert ablesen kann. Das kann eine Zeigerstellung sein, eine Kurve oder ausgedruckte Zahlen auf Papier, Silberkörner in einer Fotoemulsion u. ä., jedenfalls eine Eigenschaft, die das Objekt *an sich* hat. Wir haben oben als Beschreibung einer solchen Anzeige einen quantenmechanischen Zustand χ_i eingesetzt. Das ist aber eigentlich nicht richtig, denn ein solcher Zustand ist eine Zusammenfassung von Wahrscheinlichkeiten für Ergebnisse möglicher Messungen — bezieht sich also auf *andere* Meßgeräte. Will man diese letzteren quantenmechanisch beschreiben, muß man auf wieder andere Meßgeräte zurückgreifen, etc.: Man kommt in den unendlichen Regreß, den schon J. v. Neumann (1932) festgestellt hat. Dieser Regreß endet bei einem Menschen, der das Meßergebnis zur Kenntnis nimmt. Das Subjekt *weiß*, welches Ergebnis eingetreten ist, und damit ist die Kette der quantenmechanischen Beschreibung abgerissen. Es gibt eine Schule der Interpretation der Quantenmechanik, die von diesem subjektiven Wissen als irreduziblem Fundament ausgeht und die gesamte Quantenmechanik als Beschreibung der Beziehungen zwischen „Bewußtseinsinhalten" versteht[18].

Das Subjekt selbst bzw. der Bewußtseinsinhalt wird damit der quantenmechanischen Beschreibung entzogen. Wigner (1961), der sich ganz im Rah-

[18] Das Standardwerk dazu ist F. London/E. Bauer 1939.

men dieser Auffassung hält, konstatiert ein Problem, wenn sich Subjekte untereinander verständigen („Wigners Freund"): Frage ich meinen Freund danach, was er beobachtet hat, dann dient dieser Freund mir sozusagen als Meßgerät, wie bei Schrödinger die Katze. Wie verhält sich das zu den Bewußtseinsinhalten des Freundes? Wigner kommt zu dem Schluß, daß man das Bewußtsein ganz von der quantenmechanischen Behandlung ausnehmen muß, daß „Objekte mit Bewußtsein" einer anderen Physik genügen müssen.

Damit wäre aber das Problem des Meßprozesses überhaupt erledigt, denn es war nur aus dem Versuch entstanden, die Quantenmechanik *universell* zu verstehen, als die Theorie, die neben den gerade betrachteten Objekten auch Meßgeräte und das Gehirn zu beschreiben gestattet. Wenn man diesen Anspruch aufgibt, kann man die Grenze, außer zwischen Menschen und allem übrigen, auch zwischen dem Leben und allem übrigen ziehen, in einer Art von modernisiertem Vitalismus, oder (wie Ludwig, z.B. 1974) zwischen der alltäglichen Makrowelt und der Mikrowelt der Atome und Elementarteilchen. M.E. resigniert man damit vor dem Problem, dessen Lösung mir nicht unmöglich scheint. Das Ziel, das doch in Wirklichkeit alle Physiker anstreben, ist eine *einheitliche* Theorie, die vor allem „semantisch konsistent"[19] sein muß: Sie muß schließlich gestatten, auch die *Messung* ihrer Größen in der Theorie selbst zu beschreiben. — Auf die Frage des Bewußtseins kommen wir im Schlußkapitel zurück.

Eine *quantenmechanische* Beschreibung der Messung erfordert eine Untersuchung des „Grenzübergangs" von der Quantenmechanik zur klassischen Physik. In Analogie zur Speziellen Relativitätstheorie, wo der klassische Grenzfall bei unendlich großer Lichtgeschwindigkeit erreicht würde ($c \to \infty$), beschreibt man in der Quantenmechanik gelegentlich den Grenzübergang als Verschwinden des Planckschen Wirkungsquantums ($h \to 0$). Dies Kriterium scheint aber nach unserer Analyse sehr oberflächlich; man müßte vielmehr verstehen, wie aus dem Verband aus vielen Booleschen Verbänden ein einziger Boolescher Verband wird. Jauch (1964) beschreibt den klassischen Charakter des Meßgerätes, indem er sich bei seiner Theorie auf *einen* Satz von miteinander verträglichen Observablen beschränkt, nämlich auf die, welche mit den gemessenen Observablen vertauschbar sind. Andere Observable treten deswegen nicht auf, weil man die Unterschiede zwischen Observablen, welche die Verträglichkeit oder Nicht-Verträglichkeit ausmachen, nicht beachtet: *Alle* Observable werden so in Klassen zusammengefaßt, daß die Observablen in einer Klasse ungefähr gleich einer der vertauschbaren Observablen sind. — Die Vernachlässigung von Unterschieden, die man im Prinzip auch noch machen könnte, bedeutet die Anwendung

[19] C. F. v. Weizsäcker 1971.

von Thermodynamik (vgl. VIII 3): Der klassische Grenzfall der Quantenmechanik ist ein thermodynamischer Fall. Das paßt gut zu der Beobachtung, daß der Meßprozeß immer den irreversiblen Übergang zu einem Gleichgewichtszustand einschließt: Ein Zustand, der einem Objekt „an sich" zukommt, unabhängig von Beobachtung, muß durch die (kleine) Beobachtungs-Wechselwirkung unverändert bleiben; und das kann nur ein Gleichgewichtszustand.

d) Verborgene Parameter

Der prinzipielle Indeterminismus der Quantenmechanik scheint zu verhindern, daß man die Wirklichkeit wie eine große Maschine beschreibt, die an sich jeweils irgendwelche Eigenschaften hat, auch wenn diese konkret nicht bekannt sind. Wir haben oben (V 3) schon erwähnt, daß viele der großen Physiker, die an der Entdeckung der Quantenmechanik beteiligt waren, diesen Zug der Theorie für unglücklich hielten: Planck, Einstein, Schrödinger, Laue u. a. Es ist häufig versucht worden, den Indeterminismus der Quantenmechanik zu *erklären* aus einer anderen Theorie, in der alle Objekte „an sich" Eigenschaften haben, die nur nicht direkt zugänglich sind — „verborgene Parameter". Die beobachtbaren Eigenschaften müßten dann durch eine Mittelung aus den verborgenen eigentlichen Eigenschaften hervorgehen, etwa so, wie in der Thermodynamik Wärme und Druck als Gesamteffekt aus der Bewegung der Moleküle hervorgehen, die man sich klassisch als determiniert vorstellt, gemäß der klassischen Mechanik. Die Mittel-Größen müßten dann innerhalb der Beobachtungsgrenzen dieselben Eigenschaften haben wie die Größen der Quantenmechanik[20].

J. v. Neumann hat schon 1932 einen Beweis vorgelegt, daß Theorien verborgener Parameter, welche die Ergebnisse der Quantenmechanik reproduzieren, unmöglich sind. Es handelt sich dabei eher um eine Darstellung des Indeterminismus in der Quantenmechanik, denn daß eine Theorie verborgener Parameter alle Resultate der Quantenmechanik exakt wiedergeben kann, würde wohl auch niemand behaupten. Es ist nur notwendig, daß die Unterschiede in den bisherigen Messungen nicht sichtbar geworden wären — und die Unmöglichkeit einer solchen Theorie zu beweisen dürfte schwerfallen. — Einen entscheidenden Fortschritt in dieser Richtung hat erst J. S. Bell erzielt: Er konnte 1964 zeigen, daß *jede* Theorie verborgener Parameter eine meßbare Abweichung von der Quantenmechanik ergeben muß, sofern sie *nur* Nah-

[20] Besonders David Bohm hat sehr ernstzunehmende Theorien dieser Art vorgelegt und immer wieder verbessert, ist aber selbst von keiner der vorgelegten ganz überzeugt. F. J. Belinfante (1973) gibt eine Übersicht über die Entwicklung solcher Theorien.

wirkungen zuläßt, also nur endliche Ausbreitungsgeschwindigkeit im Sinne der Relativitätstheorie („lokale verborgene Parameter"). Wir kommen auf Bells Argument bei der „EPR"-Diskussion unten zu sprechen. Da sich experimentell erwiesen hat, daß die Voraussagen der Quantenmechanik zutreffen, die der Theorien mit „lokalen" verborgenen Parametern aber nicht, können also nur Theorien verborgener Parameter mit Fernwirkung noch ernsthaft diskutiert werden. Nach allen Erfolgen der Speziellen Relativitätstheorie glaubt aber eigentlich niemand im Ernst an „handfeste" Fernwirkungen, so daß solche verborgenen Parameter sehr abstrakt sein, ein sehr verborgenes Dasein führen müßten. Der Traum der Realisten von einer Beschreibung der Wirklichkeit „an sich" in einer Theorie verborgener Parameter läßt sich also wohl nicht weiterträumen.

e) Viele Welten

Jorge Luis Borges beschreibt in seiner Novelle ›Der Garten der verzweigenden Pfade‹ eine Welt, in der alle Möglichkeiten wirklich werden; jedesmal, wenn es mehrere sich ausschließende Möglichkeiten gibt, teilt die Welt sich auf in ebenso viele neue Welten, in denen je eine dieser Möglichkeiten verwirklicht ist. Die Zeit ist hier nicht als eine Dimension dargestellt, auf der nacheinander alle Zustände *der Welt* Platz haben (vgl. III 4), sondern als ein Netz solcher Zeitpfade, immer aufs neue verzweigt, wenn es mehrere Möglichkeiten gibt: Wie ein Garten mit einem Netz von Wegen.

Ein solches Bild der Welt malt die Interpretation der Quantenmechanik von H. Everett (1957). Die „Reduktion des Wellenpaketes" bedeutet nach Everett nicht, daß nur eine von mehreren Möglichkeiten eingetreten ist. Er interpretiert vielmehr die Quantenmechanik als Beschreibung von an sich ablaufenden Vorgängen: Alle Teile einer ψ-Funktion sind wirklich. Wenn mir nachträglich nur einer der Zweige wirklich erscheint, liegt das daran, daß ich, der ich dies jetzt schreibe, in einer bestimmten Welt lebe; in anderen Welten, in denen jeweils ein anderer Zweig wirklich ist, schreibe ich vielleicht etwas anderes, oder ich schreibe gar nicht, oder ich bin schon tot. Everett vermeidet auf diese Weise die Unterscheidung von Möglichkeit und Wirklichkeit, die ihm dunkel erscheint, und die „Reduktion des Wellenpakets".

Widerlegen läßt sich Everetts These nicht, denn er verwendet die Quantenmechanik nicht anders als üblich. Trotzdem klingt seine Interpretation recht abstrus. Was sollen „andere Welten" sein, mit denen ich prinzipiell nie Kontakt haben werde, in denen aber trotzdem „ich" lebe? Wie geht die Verzweigung vor sich etc.?

Ich glaube, man kann Everetts Thesen in eine gewohnte Sprache übersetzen, wenn man folgendes Lexikon benutzt: Die Welt, in der ich dies schreibe, nenne ich die *wirkliche* Welt; die anderen Welten, die sich in der Vergangenheit abgespalten haben, nenne ich *nicht-verwirklichte Möglichkeiten*; die Verzweigung der verschiedenen Welten nenne ich die *Realisierung einer Möglichkeit.* — Übersetzt man Everetts Sprache mit diesem Lexikon, so gewinnt man einen Text in vertrauter Sprache, oder man kann umgekehrt jede Beschreibung von Quantenmechanik ins „Everettsche" übersetzen. Die Möglichkeit solcher Übersetzung zeigt, daß mit Everetts Interpretation gar nichts Neues gewonnen ist; die „Reduktion des Wellenpakets" tritt unter neuem Namen genauso wieder auf. Mich stört das gar nicht, denn wenn man eine Theorie für empirisch prüfbare Voraussagen sucht, wird man so etwas wie die Reduktion des Wellenpakets erwarten müssen. Und wenn dieses Verhältnis von Möglichkeit und Wirklichkeit jemandem auf Everettisch verständlicher ist als in der üblichen Sprache, um so besser; zusätzlich ist jedenfalls ein Lexikon, wie es oben erstellt wurde, ganz praktisch.

f) EPR

Einstein gehörte zu denen, die den Indeterminismus der Quantenmechanik unerträglich finden. In seinen Diskussionen mit Bohr hat er wohl am tiefsten die Konsequenzen dieses Indeterminismus für das von ihm so geliebte Weltbild der klassischen Physik analysiert[21]. Als Zusammenfassung dieser Diskussionen hat er 1935 in einer Arbeit mit Podolsky und Rosen[22] die Frage nach der „Vollständigkeit" der Quantenmechanik verneint. Ich schildere das Argument an einem leicht veränderten Beispiel. Das Entscheidende ist, daß man meßbare Größen betrachtet, die quantenmechanisch unverträglich sind, die aber an verschiedenen Objekten korreliert sein können.

Betrachten wir den Eigendrehimpuls (Spin) eines Elektrons. O. Stern und W. Gerlach haben in ihrem berühmten Experiment gezeigt, daß sich die Komponente dieses Spins in bezug auf ein vorgegebenes Magnetfeld nur als $+1/2$ oder als $-1/2$ herausstellen kann (vgl. V 2). Messungen mit Magnetfeldern *verschiedener* Richtung sind quantenmechanisch unverträglich: Ein Spinzustand ist z. B. vollständig beschrieben durch die Angabe, daß in einer bestimmten Orientierung des Magnetfeldes mit Sicherheit die Komponente

[21] Vgl. die Schilderung N. Bohrs in dem Einstein-Band von P. A. Schilp 1949, sowie die Beiträge ›Autobiographisches‹ und ›Bemerkungen...‹ von A. Einstein in diesem Band; vgl. auch die Einstein-Biographie B. Hoffmann/H. Dukas.

[22] A. Einstein/B. Podolsky/N. Rosen 1935 („EPR").

+ 1/2 gefunden würde; für alle anderen Orientierungen sind dann beide Ergebnisse (+ 1/2 und − 1/2) möglich, mit Wahrscheinlichkeiten *zwischen* Null und Eins; eine vollständigere Beschreibung gibt es nicht. Nehmen wir etwa an, der Spin eines Elektrons sei nach oben orientiert, das heißt, bei einem senkrecht orientierten Magnetfeld könnte man mit Sicherheit voraussagen, daß die Spinkomponente sich als „nach oben" herausstellen wird und nicht „nach unten".

Wenn nun das Magnetfeld des Stern-Gerlach-Versuchs waagerecht orientiert wird, ist die Wahrscheinlichkeit je 1/2, die Spin-Komponente „nach rechts" oder „nach links" zu finden; bei einer irgendwie schrägen Orientierung des Magnetfelds ist die Wahrscheinlichkeit, die Komponente in der Richtung x zu finden

$$w(x) = \cos^2 \vartheta/2$$

wenn ϑ der Winkel zwischen der Richtung x und der „notwendigen" Richtung (im Beispiel „nach oben") ist.

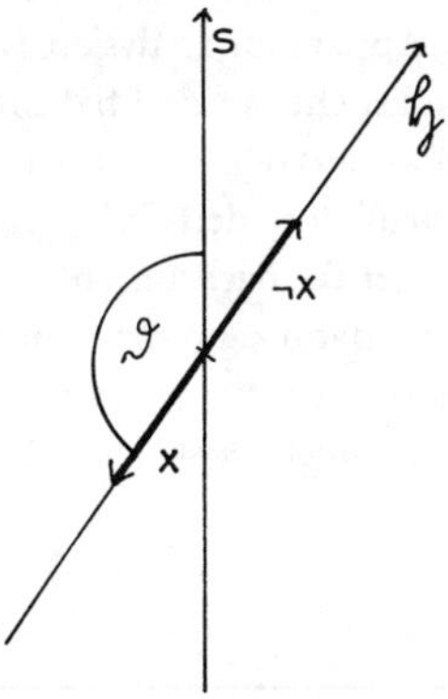

Abb. 5: Orientierung des Stern-Gerlach-Versuches (Magnetfeld $\mathfrak{H}$) zum vorliegenden („notwendigen") Spin s. Wenn $\vartheta = 120°$, dann ist $w(x) = \cos^2 60° = 1/4$; $w(\neg x) = \cos^2 30° = 3/4$.

Für das Verständnis des EPR-Arguments ist es entscheidend, den speziell quantenmechanischen Charakter dieser Größen zu sehen. In der klassischen Mechanik ist die Observable „Größe und Richtung des Drehimpulses" eine Vektorgröße, deren Werte alle Punkte eines dreidimensionalen Raumes sein können; man kann etwa einem Kreisel die Eigenschaft „Drehimpuls 2 erg·sec links um eine senkrechte Achse" zuordnen; diese Eigenschaft hat er „an sich", alle anderen Drehimpulse hat er nicht. — In der Quantenmechanik ist die *Größe* des Drehimpulses charakteristisch für das Objekt und unveränderlich — sie ist keine „kontingente Größe". Bleibt die Richtung: Tatsächlich stellt jede mögliche Richtung des dreidimensionalen Raumes einen „Zustand" des Elektronenspins dar[23]. Der entscheidende Unterschied zur klassischen Mechanik ist aber, daß diese Richtung *nicht* in einer Messung unterscheidbar sind; sie gehören, technisch gesprochen, nicht zu einem Booleschen Verband. Vielmehr kann ein Experimentator willkürlich die Orientierung des Magnetfeldes in seinem Stern-Gerlach-Versuch vorgeben; dann kann er nur entweder finden, daß der Spin parallel oder daß er antiparallel zum Magnetfeld orientiert ist — nur zwei Möglichkeiten. Die *Wahrscheinlichkeiten* für die Voraussage für die Ergebnisse aller möglichen Versuche sind im „Zustand" zusammengefaßt, den man (im „reinen" Fall, s.o.) als Richtung im Raum angeben kann. Die verschiedenen Observablen, unter denen der Experimentator durch die Orientierung des Magnetfeldes wählen kann, sind quantenmechanisch nicht verträglich, es kann nicht für mehrere davon *eine* mögliche Eigenschaft ansich „vorliegen".

Nun zu dem Gedankenexperiment: Man betrachtet ein Objekt mit dem Spin Null, das in zwei Objekte mit je Spin 1/2 zerfällt. Die Zerfallsprodukte werden in Stern-Gerlach-Apparaten analysiert (A und B), die unabhängig voneinander um die Einfallsrichtung drehbar sind. Es gilt der Satz von der *Erhaltung des Drehimpulses,* aus dem z.B. folgt: Wenn der Apparat A senkrecht orientiert ist und man dort den Spin „nach oben" festgestellt hat, dann ist der Spin*zustand* bei B „nach unten": Das heißt, *wenn* Apparat B auch senkrecht orientiert ist, dann kann man mit Sicherheit voraussagen, daß Spin „nach unten" gefunden wird; für schräge Orientierung hat man die oben angeführten Wahrscheinlichkeitsvoraussagen.

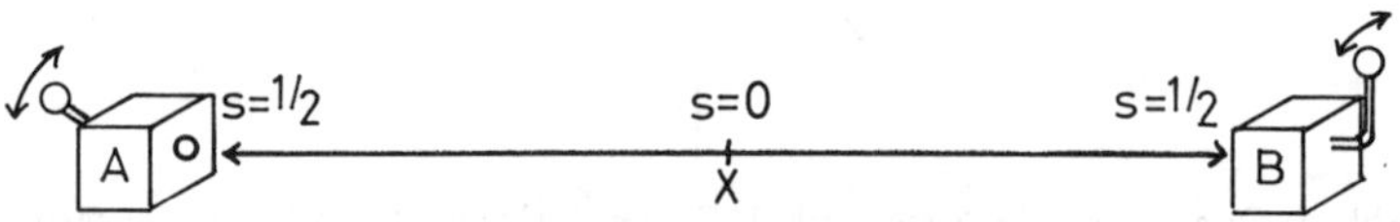

Abb. 6: Stern-Gerlach-Apparate (A und B) zur Messung der Spin-Komponente der Zerfallsprodukte.

Nun ist es vernünftig, einen solchen „Zustand" als eine Eigenschaft anzusehen, die das Objekt an sich hat, denn man kann sagen: „Wenn ich die Eigenschaft (hier: ob der Spin nach unten orientiert ist) nachprüfe, werde ich sie mit Sicherheit finden." Einstein, Podolsky und Rosen nennen das „Ein Element der Wirklichkeit" ("an element of reality"): „Wenn wir an einem

[23] Für Spins anderer Objekte, die größer als $1/2 \cdot \hbar$ sind, ist die Situation komplizierter: Dann gibt es auch für jede Messung mehr als 2 Möglichkeiten. Wir können darauf hier nicht eingehen und verweisen auf die Lehrbücher der Quantenmechanik.

System, ohne es irgendwie zu stören, den Wert einer physikalischen Größe mit Sicherheit, (d.h. mit Wahrscheinlichkeit Eins) voraussagen können, dann gibt es ein Element der physischen Wirklichkeit, das dieser physikalischen Größe entspricht." — Nach dieser Definition ist die Spin--Richtung ein Element der physischen Wirklichkeit; denn wenn die beiden Apparate A und B in derselben Richtung orientiert sind, dann kann ich das Ergebnis bei B mit Sicherheit voraussagen, sobald ich bei A nachgeschaut habe.

Der paradoxe Eindruck entsteht, weil der Spin-Zustand des Teilchens bei B, also das „Element der Wirklichkeit", von der Willkür des Experimentators *bei A* abhängt: Er kann den Apparat A irgendwie drehen, wenn das andere Teilchen (B) schon so weit weg ist, daß sein Zustand (gemäß der Relativitätstheorie) nicht mehr beeinflußt werden kann; trotzdem hängt dieser Zustand (B) von der Orientierung des Apparates A ab.

Die Wahrscheinlichkeiten sind in jedem Fall konsistent, wie man sich leicht überzeugen kann, weil das Ergebnis — parallel oder antiparallel zum Magnetfeld — *nicht* von der Willkür des Experimentators abhängt. Man kann nur *nach* der Messung bei A dem anderen Teilchen (B) einen „wirklichen" Zustand zuschreiben, nicht vorher, solange die Orientierung des Apparates A noch nicht endgültig ist. Einstein, Podolsky und Rosen ziehen daraus den Schluß, daß die Quantenmechanik nicht *vollständig* ("complete") sei, wenn sie ein offensichtlich vorhandenes Element der Wirklichkeit nicht zu beschreiben gestatte.

In Wahrheit ist es viel schlimmer: Allein die Annahme, das andere Teilchen (B) habe vor der Messung bei A irgendeinen Spin, auch wenn man sonst alles offen läßt, ist mit den quantenmechanischen Voraussagen nicht vereinbar. J. S. Bell rechnet in seinem berühmten Artikel (1964) vor, daß allein die Annahme, jedem der Teilchen komme gleich nach dem Zerfall irgendein Spin-Zustand zu (mit beliebiger Wahrscheinlichkeitsverteilung über die möglichen Spinzustände), zu einer Abweichung von der quantenmechanischen Voraussage führt, die experimentell nachweisbar sein müßte — vorausgesetzt nur, daß nicht ein Drehen am Apparat A den Zustand des Teilchens B *auf die Ferne* beeinflußt. Keine „lokale" Theorie mit verborgenen Parametern kann also in diesem Punkt die Voraussagen der Quantenmechanik reproduzieren.

Wegen der prinzipiellen Bedeutung dieser Frage ist die Bellsche Korrelation in umfangreichen Experimenten nachgewiesen worden. Und zwar hat man als „Teilchen" Photonen verwendet, die paarweise von Atomen emittiert werden, so daß ihr Gesamtspin 0 ist („Kaskade"); anstelle der Stern-Gerlach-Apparate sind bei A und B Polarisatoren aufgestellt (vgl. Abb. 3). Die Struktur des Arguments ist aber genau dieselbe wie die oben

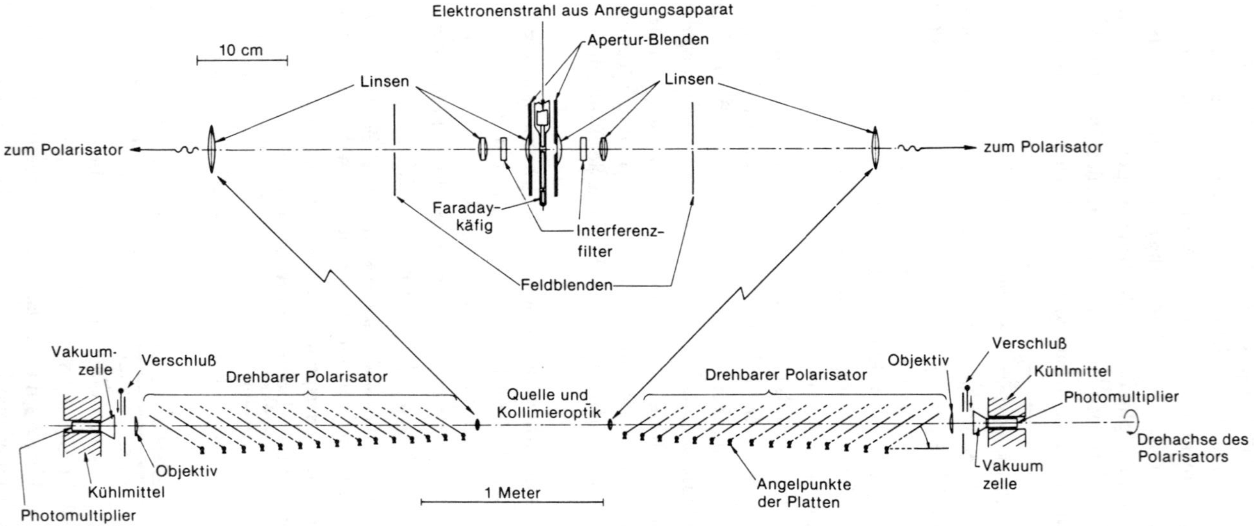

Gesamte Versuchsanordnung: Oben Quelle mit Kollimieroptik, unten Plattenstapel-Polarisatoren und Detektoren. Die Polarisatorplatten werden für Eichmessungen aus dem Strahlengang herausgeklappt (um ihren Angelpunkt, vgl. letzte Platte rechts). Ausgezogene Striche bedeuten Glasplatten, gestrichelte Metallrahmen.

Abb. 7: Experiment zur Messung des BELL-Effekts (Nach Clauser 1976).

vorgeführte[24]. Es bestätigte sich in diesen Experimenten genau die quantenmechanische Voraussage, während jede Möglichkeit für lokale verborgene Parameter außerhalb der Fehlergrenzen lag[25].

Im Rahmen unserer Analyse des Objektbegriffs interpretiere ich das Paradox so: Ich halte fest, daß zu jeder Zeit jedem Objekt ein Zustand zukommt (also eine notwendige, vollständige Beschreibung). Im Fall von Korrelationen, wie hier bei EPR, bestehen aber die Einzel*objekte* überhaupt nicht, bevor sie nicht durch eine Messung als Teile konstituiert werden. Vor der Messung besteht *nur* der Gesamtspin Null; die Teilobjekte mit Spin 1/2 gibt es nur *potentiell.* — Auf diese Besonderheit der Quantenmechanik haben wir oben schon hingewiesen (VIII 1d).

Wir haben in diesem Kapitel die Früchte einsammeln können, deren Reifung wir in den vorangehenden verfolgt haben: Die Quantenmechanik wirkt nur so rätselhaft im Weltbild der klassischen Physik; sie fügt sich ganz natürlich ein, wenn wir den Charakter von Naturwissenschaft analysieren, ohne die ontologischen Vorurteile der klassischen Physik anzunehmen. Zwei Prinzipien waren dafür maßgebend: 1. Der systematische Anfang beim zeitlichen Charakter der Physik, d.h. vor allem bei Voraussagen. 2. Die Frage nach Physik a priori — wenn auch dieser zweite Teil noch sehr viel weniger klar ist als der erste. Beide Prinzipien führen uns weg von der klassischen Ontologie, indem sie nicht nach einer vermuteten „Wirklichkeit an sich" fragen, sondern unabhängig davon nach Gesetzen für empirisch prüfbare Prognosen. Die Naturwissenschaft erscheint dabei nicht als die Lehre von der eigentlich zugrundeliegenden Wirklichkeit, sondern als eine von vielen möglichen menschlichen Beschäftigungen.

Nun ist andererseits auch der Mensch ein Stück Natur, somit menschliche Beschäftigung auch ein physikalisch beschreibbarer Vorgang. Ist sie „nichts als" das? C. F. v. Weizsäcker (1948, 1964) kleidet die Kreis-Frage in den Satz: „Die Natur ist früher als der Mensch, der Mensch ist früher als die Naturwissenschaft." Im nächsten Kapitel wollen wir diesen Zusammenhang etwas mehr entfalten.

[24] Vgl. C. F. v. Weizsäcker 1958.

[25] J. F. Clauser 1976 und die dort zitierte Literatur. Sehr schön ist die Argumentation dargestellt bei B. d'Espagnat 1979.

IX. EVOLUTION UND REDUKTIONISMUS

1. Evolution

Wir können ein Lebewesen nicht verstehen, wenn wir nicht den *Zweck* seiner Organe und seines Verhaltens erkennen: Die Bäume werfen ihr Laub im Winter ab, *damit* sie nicht vertrocknen; der Fichtenkreuzschnabel hat als Schnabel ein „Zwischending zwischen Brecheisen und Büchsenöffner", *damit* er die Samen leicht aus Tannenzapfen herauskriegt; die Greifhand des Affen *dient* zum Herumklettern in den Bäumen. Offensichtlich ist die lebende Natur sehr zweckmäßig eingerichtet. In frömmeren Zeiten sah man darin einen Beweis für den gütigen und weisen Plan des Schöpfers. Wir verdanken Charles Darwin den Gedanken der Evolution durch "Survival of the Fittest", der den Zweck von Organen und Verhalten, die *causa finalis*, auf einen physikalischen Zusammenhang, die *causa efficiens* zurückführt.

Darwins Theorie hat drei Komponenten: Die Konstanz der Art, die Mutation und die Selektion[1].

Die *Konstanz* der Arten ist die Grundvoraussetzung. ''Ανϑρωπος ἄνϑρωπον γεννᾷ, der Mensch erzeugt einen Menschen — die Katze wieder Katzen, und auch die Fliegen kommen nicht aus reinem Dreck, sondern aus Eiern, welche die Elternfliegen in den Dreck gelegt haben. Das in der Evolution einmal Erreichte wird unverändert oder fast unverändert in der nächsten Generation erhalten. Wären nicht die Arten praktisch konstant, dann könnte es keine Evolution geben, weil die einmal erreichte Anpassung von selbst wieder verschwinden würde. Die kleinen Änderungen, die trotzdem vorkommen, dienen der Weiterentwicklung oder der Anpassung an veränderte Bedingungen. — Auch hier ist ein Zweck zu erkennen, naturwissenschaftlich gesagt: die *Funktion* einer Einrichtung. Der Mechanismus der Konstanz der Art, oder der Evolution insgesamt, ist in seiner Funktion zu verstehen und muß selbst als Ergebnis der Evolution angesehen werden.

Die *Mutationen*, die kleinen Änderungen von Generation zu Generation, halten der Konstanz der Art das Gleichgewicht: Wäre die Art vollkommen konstant, dann gäbe es keine Entwicklung; wären die Änderungen innerhalb einer Generation zu groß, dann würde die Art sehr bald aussterben. Denn

[1] Vgl. zu diesem Fragenkreis M. Eigen/R. Winkler 1976, K. Lorenz 1973, R. Riedl 1976.

praktisch immer sind die Änderungen schädlich, eben weil das gesunde Individuum schon fast perfekt an seine „ökologische Nische" angepaßt ist; veränderte Erbanlagen sind fast immer Krankheit. — Die Mutationen im engeren Sinn, also Änderungen in der Chemie des Erbgutes, geschehen „zufällig" unter dem Einfluß z. B. von Wärme, chemischen Substanzen oder Radioaktivität; der Vererbungs-Vorgang muß sehr stabil sein gegen solche Einflüsse, damit die grundlegende Konstanz der Art überhaupt möglich ist. Die Evolution hat darüber hinaus einen Mechanismus entwickelt, der Änderungen an Individuen ermöglicht, ohne daß die Erbsubstanz der Art insgesamt geändert wird: Die *geschlechtliche Vermehrung* ermöglicht die Unterscheidung von dominanten und rezessiven Merkmalen, ein Trick der Natur, gerade nicht benötigte Eigenschaften einer Art aufzubewahren, ohne daß sie inzwischen stören.

Die bewundernswerte Zweckmäßigkeit der Organismen wird erreicht durch die dritte Komponente, deren Entdeckung die eigentliche Leistung Darwins ist: Die *Selektion*. Das Argument ist klar: der Affe ist deswegen so ideal an sein Leben im Urwald angepaßt, weil die Art sonst in eben dieser Umwelt gar nicht überlebt hätte. Andere Arten waren hier überhaupt nicht lebensfähig, oder sie sind, obwohl an die ökologische Nische angepaßt, von noch besser angepaßten verdrängt worden. Übriggeblieben ist seit Jahrmillionen immer nur die am besten angepaßte Art, und daher ist es kein Wunder, daß die Arten, die heute existieren, sehr gut angepaßt sind.

Eine Art wird sich um so besser anpassen, je mehr Möglichkeiten sie ausprobieren, sozusagen zur Selektion anbieten kann. Dazu dient eine hohe Mutationsrate, solange sie nicht den Fortbestand der Art gefährdet. Hier hat auch der Tod des Individuums seinen Platz, seinen Selektionsvorteil[2]: Ein unsterbliches Individuum könnte sich selbst nur sehr beschränkt ändern; ohne Nachkommen wäre Evolution unmöglich, hätte es Nachkommen, würde es ihnen den Platz wegnehmen. Eine schnelle Generationenfolge, in der die älteren Individuen verschwinden, bietet also einen Selektionsvorteil — mein von mir so schmerzlich empfundener Verfall ist die evolutive Voraussetzung dafür, daß es mich überhaupt geben konnte. Aber zu schnell darf die Generationenfolge auch nicht sein: Das Individuum muß Zeit haben, seine eigentliche Form zu erreichen — also an Gestalt und, wo biologisch „vorgesehen", durch Lernen erwachsen zu werden — und Nachkommen in die Welt zu setzen und großzuziehen. In einer *Gesellschaft* kann sogar die Anwesenheit von nicht mit der Fortpflanzung beschäftigten Individuen Selektionsvorteile bieten gegenüber anderen Gesellschaften — durch die „Erfahrung des Alters".

[2] Vgl. C. F. v. Weizsäcker 1977.

Das Darwinsche Schema in seiner allgemeinen Form — „Die Erscheinung ist so wie sie ist, weil, wäre sie anders, sie sich nicht bis heute gehalten hätte" —, dies Schema läßt sich in vielen Bereichen anwenden, auf wirtschaftliche und politische Institutionen, wissenschaftliche Theorien etc. Man beobachtet dabei ein Phänomen, das den biologischen Spezies ähnelt, nämlich die Entwicklung in *Ebenen* und *Krisen*[3]: Eine Institution hält sich, auch wenn sie nicht mehr den Bedürfnissen angemessen ist, so lange, bis eine bessere Institution sie beiseite drängt — was meistens nach längeren Vorbereitungen in einer Krisenzeit geschieht. Die Physik entwickelt sich, ganz entsprechend, in „abgeschlossenen Theorien"[4], wobei jede dieser abgeschlossenen Theorien eine Klarheit und Einheit besitzt, von der abzugehen einen krisenhaften Übergang zu einer noch „einfacheren" Theorie erfordert. Th. S. Kuhn (1967) beschreibt diese Struktur als das Wechselspiel zwischen „normaler Wissenschaft" nach einem festen Paradigma und wissenschaftlichen Revolutionen.

Die biologische Evolution geht ähnlich vor: Es gibt lange Perioden, in denen die Arten sich nur wenig ändern, allenfalls sich geänderten Umständen kontinuierlich anpassen. Plötzlich gibt es eine neue „Erfindung" der Evolution, die alles ändert. K. Lorenz (1973) nennt das eine *„Fulguration":* Eine Neuerung, die zwar nachträglich erklärbar ist aus dem zuvor Vorhandenen, die aber niemand hätte voraussagen können; eine überraschend „unwahrscheinliche" Kombination aus den vorherigen Möglichkeiten, die eine ganz neue Ebene erschließt.

Die Entstehung des Lebens ist selbst eine solche Fulguration: Ein „zufällig" entstandenes Molekül, das die Synthese gleichartiger Moleküle begünstigt. Es muß in kurzer Zeit aller verfügbarer Raum von solchen Molekülen erfüllt gewesen sein.

Es gibt ältere Abschätzungen der Wahrscheinlichkeit für die Entstehung z.B. einer Urzelle oder eines Menschen „aus Zufall" — denn das sei ja die These des Darwinismus, daß alles zufällig entstanden sei und nur das Lebenstüchtige sich erhalten habe. Eine solche Abschätzung, wenn sie von den Wahrscheinlichkeiten auf der unbelebten Erde ausgeht, ist sicher Unsinn: Die Wahrscheinlichkeit, daß sich organische Moleküle gerade zu einer Zelle oder gar zu einem Menschen zusammenlagern, ist so ungeheuer klein, daß man sagen kann: Es ist unmöglich. So ist es ja auch nicht gewesen. Nur der allererste Anstoß zu reproduktionsfähigen Molekülen braucht *durch Zufall* gekommen zu sein. Wenn diese Fulguration einmal geschehen ist, gelten auf der neuen Ebene ganz andere Wahrscheinlichkeiten, die nächste Fulguration

[3] Vgl. C. F. v. Weizsäcker 1977.

[4] W. Heisenberg 1971.

wird erst auf dieser Ebene möglich. Will man also wirklich die Wahrscheinlichkeit einer Entwicklung nachträglich abschätzen, dann muß man alle Stufen dieser Entwicklung mit ihren Mechanismen kennen[5]. Manfred Eigen schätzt die informationstheoretischen Erfordernisse (d. h. die Wahrscheinlichkeiten) für die Entstehung des Lebens in seiner ganz detaillierten Theorie des Hyperzyklus ab[6].

Die Treppe der Fulgurationen — um im Bild der Ebenen zu bleiben — enthält so wichtige Stufen wie die Bewegung, die Energiegewinnung aus Licht, die geschlechtliche Vermehrung. Was uns hier am meisten interessiert, ist die Evolution des „Geistes“, insbesondere der Unterscheidung von Subjekt und Objekt, die uns im letzten Kapitel beschäftigt hat. Die Feststellung einer — an sich vorhandenen — Außenwelt ist offenbar eine hohe evolutive Leistung. Primitive Lebewesen reagieren in prinzipiell vorhersagbarer Weise auf Einflüsse aus der Umwelt: Protozoen schwimmen langsamer in nährstoffreicher Flüssigkeit und bekommen so relativ mehr mit; Pflanzenzellen wachsen stärker, wenn sie wenig belichtet sind, so daß sich die Pflanze zum Licht wendet. Beim Menschen sind wohl die entsprechenden Reaktionen die ursprünglichen, die ich selbst als Affekte: „Schön“, „Hin!“ oder „Scheußlich“, „Weg“! erlebe. Dagegen gestattet uns das räumliche Sehen, die Rückmeldungen des sensumotorischen Systems, vor allem aber das Vorstellungsvermögen, eine *Welt an sich* festzustellen: Ein primitives Lebewesen „kennt“ wohl nur Wirklichkeit. Wir dagegen können die Folgen *möglicher* Handlungen bedenken, bevor wir wirklich handeln — außer der Wirklichkeit gibt es Möglichkeit, Begriffe. Die objektive Umwelt ist uns als Möglichkeit gegeben: „Dort ist ein Haus“ bedeutet, auf mein Handeln bezogen: Wenn ich dort hinginge, könnte ich mich bei Regen unterstellen, mich daran stoßen, jemanden besuchen etc. — alles was man mit einem Haus machen kann, Möglichkeiten. Der evolutive Gewinn des Vermögens der Möglichkeit liegt auf der Hand: Ich kann verschiedene Handlungen in der Vorstellung durchprobieren, ohne mich der Mühe der Realität zu unterziehen; planvolles Handeln wird möglich.

Die Analyse des Zusammenhangs zwischen Evolution und geistigen (oder sprachlichen) Leistungen ist ein faszinierendes Thema u. a. der Ethologie,

[5] Vgl. R. Riedl 1976. Entsprechende Einwände gelten gegen die Abschätzung der Wahrscheinlichkeit von großen Unfällen, z. B. bei Kernreaktoren: Solange niemandem mögliche Korrelationen einfallen, kann man nur die Unabhängigkeit möglicher Ursachen voraussetzen. Die so geschätzten Wahrscheinlichkeiten erweisen sich als zu niedrig bei der berühmten „unglücklichen Verkettung von Umständen“, einer Art Fulguration der Unfall-Evolution. Alle großen Reaktorausfälle waren bisher auf unvorgesehene Ursachen-Kombinationen zurückzuführen.

[6] Vgl. M. Eigen/R. Winkler 1975.

der philosophischen Anthropologie und der Sprachphilosophie[7]. Der Raum in dieser Einführung gestattet nur noch einige Bemerkungen zur „reduktionistischen" Grundhaltung, die ich als selbstverständlich in dieser Erörterung eingenommen habe.

2. Geist und Materie

a) Reduktionismus

Ich habe den Geist als eine besondere Leistung der Evolution eingeführt, als Fulguration zwar, aber schließlich als beschreibbar mit den Gesetzen der Physik im weitesten Sinne. Ist das Materialismus (oder Mechanismus oder Reduktionismus), also die Behauptung, das Denken sei nichts als ein physikochemischer Prozeß: „Der Mensch ist, was er ißt"?

Die Erfolge der Mechanik, die Entwicklung der Chemie und schließlich die Evolutionstheorie haben es allmählich immer selbstverständlicher erscheinen lassen, daß auch das ganze menschliche Leben sich naturwissenschaftlich erklären läßt. Die Gegner eines solchen „Mechanismus" haben im wesentlichen nur Rückzugsgefechte liefern können: Newton erklärte die Planetenbewegung mit seiner Gravitationstheorie, aber er wies Gott noch eine wesentliche Aufgabe zu beim Verfertigen und Anstoßen des Systems. Als Laplace ein Jahrhundert später seine Theorie der Planeten*entstehung* vortrug, konnte er auf die Frage, wo denn Gott dabei geblieben sei, antworten: «Je n'avais pas besoin de çette hypothèse là.» — Nicht besser ging es den Gegnern des Mechanismus, welche die Erzeugung von organischen Substanzen besonderen, außerchemischen Naturkräften vorbehalten wollten: Ihre These war widerlegt, als Wöhler 1828 Harnstoff synthetisierte. Der ähnlich strukturierte *Vitalismus* Hans Drieschs — Driesch schrieb die Fähigkeit von Embryozellen, je nach ihrer Stelle im Embryo das „richtige" Organ zu bilden, einem besonderen Kausalfaktor, der Entelechie zu — dieser Vitalismus ist durch die moderne Biochemie ebenso widerlegt. Es scheint also heute eine plausible Hypothese, daß man keinen Gegenstand, wie etwa das Leben, die Entwicklung oder auch die Gesellschaft, wird angeben können, an dem sich die Naturwissenschaft als falsch herausstellt, der also ein Reservat für *andere* Erklärungsprinzipien wäre; daß es im Gegenteil prinzipiell möglich ist, alle empirisch eindeutig prüfbaren Phänomene auch naturwissenschaftlich zu erklären, auf Physik zu reduzieren[8]. Wir formulieren damit einen allgemeinen

[7] Vgl. K. Lorenz 1973, R. Riedl 1976, H. v. Dithfurth 1976, C. F. v. Weizsäcker 1977, E. Tugendhat 1976, R. Riedl 1980.

[8] Vgl. VII 3: Physik a priori.

Reduktionismus — den wir allerdings eher als Aufgabe ansehen und nicht als Leistung behaupten. Zwar leistet die heutige Wissenschaft Erstaunliches in der Erklärung geistiger Funktionen. Trotzdem dürften auch diese erstaunlich komplexen Forschungsergebnisse primitiv sein im Vergleich zu dem, was eine „Reduktion" interessanter geistiger Vorgänge erfordern würde; vielleicht kommt eine solche Reduktion in Wirklichkeit nie zustande. Ihre Aufgabe ist zu ermessen daran, daß ein Mensch — biologisch — die gesamte Geschichte der Natur mit sich trägt, und — als Tradition — die Geschichte der Menschheit; und die trägt er gemeinsam mit allen Zeitgenossen, ohne die er nicht Mensch sein könnte.

Wir wollen hier die möglichen Konsequenzen einer Reduktion betrachten — vorausgesetzt, sie gelänge. Dabei müssen wir uns zunächst von einem traditionellen *Materialismus* absetzen, der ähnlich ansetzt — nämlich mit der Behauptung, der Mensch sei durch Physik und Chemie erklärbar, er sei ein weiterentwickeltes Tier, u. ä. —, der dann aber diesen Ansatz nicht konsequent durchhält, sondern etwa folgert: „Da menschliche Handlungen nach den Notwendigkeiten der Naturgesetze folgen, kann man niemandem seine Taten vorwerfen; er konnte nicht anders." — oder auf der anderen Seite: „Die ethischen Motive des Menschen sind eine Selbsttäuschung; in Wirklichkeit hängt der Mensch an seiner tierischen Basis, jede gute Tat läßt sich schließlich aus niederen Beweggründen erklären", und ähnliche Formulierungen, die aus der Überzeugung folgen, daß das naturwissenschaftlich Erklärte das „Niedere" sei. Stewart Hampshire wendet sich z. B. in einem Vortrag[9] gegen jeden Reduktionismus, indem er unterscheidet zwischen einer Erklärung durch *Gründe*, die ein Mensch für seine eigenen Handlungen geben würde, und einer Erklärung durch *Ursachen*, die ein anderer Mensch für dieselben Handlungen geben könnte, wenn er ein idealer Naturwissenschaftler wäre: Hampshire unterstellt in diesem Vortrag als selbstverständlich, daß die Erklärung durch Ursachen — deren Möglichkeit der Reduktionismus behauptet — die vermeintlichen Gründe der Handlung als Rationalisierungen entlarvt. Wenn jemand chemisch, mit einer Ärger-Pille, in einen Zustand des Ärgers versetzt wird (ein Beispiel Hampshires), dann wird er sich über jemanden ärgern, der in der Nähe ist, und sogar einen Grund für seinen Ärger angeben können; das ist aber kein wahrer Grund, sondern in Wirklichkeit ist die „Ärger-Pille" die Ursache des Ärgers. — Mit Hampshire würde ich keinen Materialismus akzeptieren, der *alle* Gründe als derartige Rationalisierungen der wahren Ursachen, der niederen Beweggründe, „entlarvt".

[9] Freedom of mind, 1965, anders als z. B. in dem Spinoza-Vortrag ›A Kind of Materialism‹ von 1969, in demselben Band (Hampshire 1972): Die dort von Hampshire (als Spinozas) vertretene These ist der unseren sehr ähnlich.

Ein solcher Materialismus ist aber, wie schon gesagt, inkonsequent, er zielt zu kurz. Ein Reduktionismus, wie ich jetzt zur Unterscheidung sagen will, wo wie er uns vorschwebt, müßte *alles* auf Physik zurückführen, selbstverständlich einschließlich aller „höheren“ Regungen, wie etwa die Wirkung des Gewissens, das Streiten um Wahrheit, das Handeln aus Gründen, das berechtigte Sichärgern über Ärgerliches. Eine gute Reduktion auf Physik muß ihre Qualitäten zunächst daran beweisen, daß sie *dasselbe* innerhalb der Physik ableitet, was wir aus anderer Sicht schon kennen. Zusätzlich erwarten uns dabei sicher auch neue Erkenntnisse, aber die können wir aus der bloßen Möglichkeit einer Reduktion nicht ableiten, sondern erst aus einer wirklich vorgelegten: auch die Zukunft der Wissenschaft ist offen.

Wer eine Physik a priori für möglich hält, so wie wir sie in VII 3 programmatisch geschildert haben, muß „geistige Phänomene“ ebenso einbeziehen wie „materielle“, eine Unterscheidung kam nicht vor. Die besondere Schärfe, die den Reduktionismus der Vergangenheit so schwer erträglich machte, bekommt er erst durch die Verbindung mit der *Ontologie der klassischen Physik*, die besagt: „Was die Physik beschreibt, das ist die Natur, wie sie *an sich selbst* ist; die Natur, die eigentliche Wirklichkeit, ist da und läuft ‚objektiv‘ ab, so wie eine Maschine läuft, der wir, die Subjekte, meist nur zuschauen können — allenfalls können wir gelegentlich an den Regeleinrichtungen etwas verstellen.“ Das ist das Entscheidende für den scharfen Reduktionismus, etwa Ernst Haeckels (1898): Nicht nur lassen sich nach Haeckel alle Erscheinungen im Prinzip in die Naturwissenschaft einordnen, sondern die Naturwissenschaft beschreibt das Eigentliche, die Wirklichkeit. Es gibt *nichts als* ("nothing but") Naturwissenschaft, alles übrige ist Epiphänomen oder Schein, jedenfalls uninteressant.

Wir können es uns leisten, einen extremen Reduktionismus zuzugestehen, d.h. der Naturwissenschaft das ganze Feld ungeschmälert zu überlassen (wie oben beschrieben), ohne fürchten zu müssen, in eine schreckliche "nothingbuttery" (W. James) zu verfallen; denn uns hat sich die Ontologie der klassischen Physik ohnehin als untauglich erwiesen, wir haben gesehen, daß der Begriff einer *Wirklichkeit an sich* nicht durchzuhalten ist. Wir können hier „objektive Beschreibung“ als Antwort auf eine bestimmte Frage sehen, die nur eine unter vielen möglichen Fragen ist: Es ist die Frage nach Aussagen, die von jedermann (jedenfalls im Prinzip) nachgeprüft werden können; es ist auch die Frage nach Wahrheit unabhängig von persönlichen Interessen und Vorurteilen, im berechtigten Mißtrauen des Fragenden gegen die eigenen Wünsche. Sie fragt aber zugleich nach Anweisungen, wie die unberechenbaren Gewalten — zunächst der Natur, mehr und mehr aber auch der „Gesellschaft“ — zu berechnen sind; also nach Herrschaftswissen gegen die Angst vor Beherrschung.

An der Wurzel von Objektivität liegt also nicht wieder Objektives, sondern ein bestimmtes Bedürfnis im Leben; „Wertneutralität ist selbst ein Wert" (C. F. von Weizsäcker). Wir schließen damit an die oben genannte Tradition in der Neurophysiologie und Kybernetik und, früher, in der Psychologie an, die besagt, daß die Welt jedes Lebewesens zuerst und vor allem aus nützlich-schädlich, Lust-Schmerz, Freund-Feind besteht und daß erst eine besondere arterhaltende Leistung das Herstellen objektiver Wirklichkeit ist, ein spätes Ergebnis der Evolution (vgl. IX 1). Auch diese Tradition zieht den Schluß, den uns die Analyse der Quantenmechanik aufgenötigt hat: Die „objektive Wirklichkeit an sich" gibt es nicht. Objektivität ist ein Aspekt unter anderen, eine spezielle Art, die Phänomene zu betrachten — wenn auch eine, die selbst die möglichen Phänomene entscheidend verändert hat. Bei anderen Arten der Beschäftigung mit Wirklichkeit ist nicht begriffliche Schärfe und Eindeutigkeit wichtig, sondern gerade die Konnotationen der Begriffe, Assoziation von Stimmungen und die Verwicklung des „Subjekts" selbst. Man kann die Aspekte besonders schön an einem Diskurs über objektive Wahrheit unterscheiden: Für die Betrachtung des Gegenstandes ist distanzierte Objektivität Voraussetzung des Erfolgs, aber der Diskurs selbst, wie jede Begegnung mit einem Anderen, setzt voraus, daß ich gerade nicht versuche, den Anderen objektiv zu beschreiben, etwa indem ich psychologisch nach den Beweggründen seines Redens frage.

Wir können also festhalten:

1. Es ist kein Grund zu sehen, warum nicht prinzipiell jeder Gegenstandsbereich objektiv, d. h. physikalisch, beschrieben werden sollte.
2. Der Reduktionismus bekommt seine Schärfe erst aus der zusätzlichen ontologischen Behauptung, die objektive Beschreibung sei die einzig wahre: Sie beschreibe die Wirklichkeit, wie sie an sich ist; die Welt sei *nichts als* das objektive Beschreibbare.
3. Ohne diese Ontologie der Klassischen Physik ist die objektive Beschreibung erkennbar als ein möglicher Zugang zur Wirklichkeit unter anderen, als einer, der heilsame Distanzierung von den eigenen Gefühlen erlaubt, aber auch von einem abstrakten Mißtrauen bestimmt ist. Die objektive Beschreibung beschreibt also nur einen *Aspekt* der Wirklichkeit.

Die Erklärung, Objektivität sei nur ein Aspekt, wehrt den angemaßten Anspruch des „nichts als" ab. Das soll aber nicht dazu verführen, die Kraft der Objektivität zu unterschätzen: Sie ermöglicht der Spezies Mensch, die Welt zu beherrschen, sogar zu zerstören. Was hier — vielleicht etwas unglücklich — „Aspekt" genannt wurde, umfaßt *jede* objektive Beschreibung, jede Erkenntnis einer allgemeingültigen Struktur, scharfes begriffliches Denken überhaupt. Objektivität schafft also das einheitliche „Weltbild", das in der klassischen Ontologie absolut gesetzt wird. Brüchige Stellen dieses Bildes haben sich uns erst in der Analyse der Quantenmechanik gezeigt, die das Programm der Objektivierung mit formaler Klarheit am weitesten treibt. Gerade das konsequente Weiterfragen, das „die Physik zu Ende Denken“ zwingt uns zu der Einsicht, daß Objektivität nicht die Einheit liefern kann; sie ist nur ein Teil der Einheit im Leben und Handeln eines Menschen. Das mag durch die analoge Erkenntnis für die Sprache erläutert werden, die der Gödelsche Satz enthält: Formalisierte „Sprachen“ können nicht die Sprache sein; zu allen Kunstsprachen gibt es und braucht es die einheitstiftende Metasprache, die Umgangssprache, eben *die Sprache*. — Zwar kann auch das Handeln eines Menschen begrifflich, objektivierend beschrieben und erklärt werden, aber diese Erklärung ist wiederum das Handeln anderer Menschen, ist Antwort auf Bedürfnisse im Leben der Beschreibenden und Erklärenden; Wissenschaft, ja Begriffe überhaupt sind Antwort auf bestimmte Lebensbedürfnisse.

Den so näher bestimmten Reduktionismus könnte man als Weiterführung des *Materialismus* ansehen, "a kind of materialism" nach Hampshire (1972). Was aber ist Materie, gemäß ihrer grundlegenden Theorie, der Quantenmechanik? Wir konnten den Begriff des Objekts ableiten aus den Begriffen der entscheidbaren Alternative und der Voraussage (VII 2). Das heißt, die Materie, analysiert als Elementarteilchen, ist wiederum reduziert auf „subjektivere“ Begriffe; die gemäß dem Materialismus *eigentliche* Wirklichkeit, die materiellen Objekte, gibt es nur als abgeleiteten Begriff, als Abkürzung für etwas „noch Eigentlicheres“. Also statt Materialismus vielleicht „Spiritualismus“? Der Zusammenhang ist noch komplizierter; denn die Alternativen sind wiederum konkret definiert durch Meßapparate, also materielle Objekte. Deren Theorie ist nicht unmittelbar die Quantenmechanik, sondern die nur im Grenzfall mit ihr vereinbare klassische Physik (vgl. VIII 3b). Die begrifflichen Elemente bilden also einen komplizierten Kreis von Zurückführungen. Das Fundament, auf dem auch die Argumente dieses Kreises beruhen, ist die „Philosophie in der Alltagssprache“. Einige Grundbegriffe kann man so weit analysieren, wie es für die spezielle Diskussion notwendig scheint. Im übrigen vertrauen wir darauf, daß die benutzten Begriffe, eingebettet in die Umgangssprache, genügend verläßlich sind. Jeder einzelne Begriff kann dann weiter befragt werden, wenn sich Fragen ergeben — und wenn genügend weitere Begriffe zuverlässig brauchbar bleiben.

b) Freiheit und Reflexion

Eigentlich interessant wird die reduktionistische These vor allem an den beiden Themen *Reflexion* und *Freiheit*. Über sie wollen wir zum Schluß einige Bemerkungen wagen, obwohl klar ist, daß so kurze Stichworte angesichts der Größe der Themen eine Unverfrorenheit sind; aber vielleicht können sie zur Erhellung der Reduktionismus-Problematik beitragen.

Für die Freiheit der Entscheidung können wir die Argumente zum Reduktionismus in spezieller Form wiederholen: Es gibt zunächst die Position, die nach Art des klassischen Materialismus, sei es pro oder contra, eine physikalische Erklärung mit moralischer Verantwortung und damit mit Entscheidungsfreiheit für unvereinbar hält. Ein konsequenter Reduktionismus müßte dagegen auch Begriffe wie *Freiheit*, oder auch *Verantwortung* und *Schuld* zu „reduzieren" gestatten.

Die Annahme, daß das möglich sei, würde mir schwerfallen, wenn ich andererseits die Ontologie der klassischen Physik zugrunde legte: Daß nämlich die Welt insgesamt, mich mit meinen Entscheidungen und Handlungen eingeschlossen, ein riesiges Uhrwerk sei, das „an sich" abläuft. Aber wir haben ja durch die Quantenmechanik gelernt, daß es diese *Wirklichkeit an sich* nicht gibt. In derselben Richtung interpretiere ich die Kantische Lösung[10] des Problems der Freiheit — obwohl natürlich lang vor der Quantenmechanik formuliert: Kant ordnet die Physik den *Erscheinungen* zu, die einzig den Bereich der Erfahrung ausmachen; er läßt die Eigenschaften der Dinge an sich selbst dahingestellt sein[11], da sie nicht Gegenstände der Erfahrung sind. Kant läßt dann freie Handlungen zu, die Kausalketten in der Erfahrung beginnen, aber selbst keine Ursache in der Erfahrung erkennen lassen — eine Lösung, die der unseren widersprechen würde. Aber in der Behandlung der *Dinge an sich* ist unsere Antwort nicht völlig anders als die Kants: Unsere Arbeitshypothese war, daß alle Phänomene sich *auch* physikalisch müßten beschreiben lassen; nur hatte uns die Quantenmechanik gezwungen, die Dinge, wie sie an sich selbst sein mögen, nicht nur auf sich beruhen zu lassen, sondern ganz aus unserer Vorstellung zu verbannen. Schon die Annahme, es gäbe eine — wenn auch noch so unbekannte — Wirklichkeit an sich, führt zu Widersprüchen.

Mir scheint, daß die Naturgesetze ohne die Ontologie der klassischen Physik der Entscheidungsfreiheit nicht widersprechen, denn wann handelt jemand frei? Jedenfalls dann *nicht*, wenn er zu einer Handlung gezwungen wird, entweder unmittelbar, mechanisch, oder mit Drogen oder durch Androhung von Übeln — mögen hier vielleicht auch die Grenzen schon fließend werden, denn gerade auch eine freie Handlung muß äußere Bedingungen, mögliche Konsequenzen berücksichtigen. — Nehmen wir also einmal an, ich würde nicht zu einer Handlung gezwungen, sei auch nicht durch äußeren Mangel — etwa an Geld, Zeit oder an physischen Kräften — in meiner

[10] Kr. d. r. V., A 532/B560ff.
[11] Z.B. Proleg. § 17.

Entscheidungsfreiheit begrenzt; handle ich dann mit Sicherheit frei? Wie sieht denn eine freie Entscheidung aus? Es kann eine ganz triviale Entscheidung sein, etwa ob ich zum Frühstück Kaffee oder Tee trinke; oder eine so schwerwiegende wie die, ob ich meinen Beruf aufgeben und etwas Neues anfangen soll. Im ersten Fall werde ich nach Laune entscheiden, vielleicht reizt mich doch eine Möglichkeit im Augenblick mehr; oder ich zähl es mir an den Knöpfen ab, wenn es mir wirklich gleichgültig ist. Auch in einem wichtigen Fall kann ich natürlich auf dieselbe Art entscheiden, aber da wäre das Verfahren ziemlich töricht. Jedenfalls wären wir nicht geneigt, solche Entscheidungen frei zu nennen. — Ob man sie aber frei nennt oder nicht, man kann sich vorstellen, daß sie voraussagbar sind: Entweder statistisch oder bei Entscheidungen nach Laune aus den Bedingungen eben der Laune: Ein gerade genossenes Festessen in angenehmer Gesellschaft könnte mir vielleicht andere Entscheidungen nahelegen als ein gerade durchlittener Verkehrsstau. Der Extremfall von „Laune“, eine neurotische Zwangshandlung, ist geradezu dadurch gekennzeichnet, daß sich die (unfreie) Reaktion des Patienten leicht vorhersagen läßt, daß sie „immer demselben Schema folgt“.

Ein solches — vorhersagbares — Handeln „nach Laune“ heißt traditionell[12] nicht frei, sondern freies Handeln ist Handeln mit *Gründen*. Dabei müssen es wirklich die Gründe sein, die mich zum Handeln veranlassen — nicht nur z. B. für meinen ohnehin vorhandenen Ärger ein „Aufhänger“; und ich muß „aus guten Gründen“ handeln, d. h. so, wie es nach der Lage geboten ist. Ein anderes Handeln wäre entweder wiederum launisch, oder irregeleitet, oder auch rein zufällig — jedenfalls nicht frei. In einer paradoxen Zuspitzung: Frei handelt derjenige, der tut, was er tun soll.

Damit ist aber auch die eigentlich freie Handlung als objektiv bestimmbar, als im Prinzip vorhersagbar erwiesen, sofern das gebotene Handeln, das Sollen bestimmbar ist: Sofern wir die Antriebe objektiv bestimmen können, folgt aus ihnen entweder unmittelbar die Handlung oder es folgt das Maß der Freiheit für die Handlung, also das Maß, in dem die Handlung durch die auch vom Beobachter einsehbaren vernünftigen Gründe bestimmt sein wird. In jedem Fall folgt eine Voraussage für die Handlung.

Damit sehen wir aber zugleich eine Grenze der objektiven Beschreibung, nicht im obigen Sinn Grenze zu bisher unbekannten „Kräften“, sondern Grenze der Objektivierung überhaupt. Wenn der Beobachter feststellt, daß sein „Objekt“ in der gegebenen Situation frei handeln wird, also vernünftig, dann muß er zunächst fähig sein, die guten Gründe, die das „Objekt“ bestimmen, nachzuvollziehen. Möglicherweise ist außerdem der Beobachter selbst betroffen, möglicherweise müßte er nach denselben Gründen, wenn er

[12] Vgl. die Aufsätze unter dem Stichwort ›Freiheit‹ in J. Ritter 1972.

frei wäre, anders handeln, als er es faktisch tut: Bei einer objektivierenden Beschreibung gerade des freien Handelns ist es unvermeidlich, daß der Beobachter selbst ins Bild kommt. — Bleiben wir einen Augenblick bei dieser Situation der Reflexion, in der das Subjekt, *ich selbst* Objekt der Beschreibung bin.

Ein reizvolles Thema wäre die Reflexion der Spezies Mensch insgesamt, die Betrachtung durch Menschen der Bedingungen menschlichen Handelns, als Psychologie, Evolutionstheorie, Geschichtsbetrachtung oder auch in den Überlegungen dieses Buchs: Die Funktion des menschlichen Gehirns ist es, unter vielen anderen, eine Theorie des menschlichen Gehirns zu machen und zugleich noch die Bedingungen dieser Theorie zu reflektieren[13].

Möge die Erwähnung des Themas dazu dienen, die Komplexität einer „Reduktion" zu illustrieren; wir wollen hier nur die individuelle Reflexion etwas näher betrachten: Ich kann mich selbst beim Schreiben beobachten; ich kann denken, daß ich denke. Es ist klar, daß auch dieses Thema hier nicht wirklich behandelt werden kann[14]; ich greife daher nur zwei Beiträge unmittelbar in unserem Zusammenhang heraus, nämlich den oben schon betrachteten *Freund* Wigners[15] und ein logisches Problem von Donald McKay[16]. McKay sieht in der Vorstellung, man könne die Vorgänge im Gehirn eines Partners so beschreiben, daß diese Beschreibung die „volle Wahrheit" wiedergibt, die folgende logische Unbestimmtheit:

Angenommen, derjenige, dessen Gehirnprozesse beschrieben werden, erfährt die Beschreibung und glaubt sie. Dann wird dieser Vorgang seine Gehirnprozesse verändern; die Beschreibung, die er gerade glaubt, wird falsch sein. Es ist also unmöglich, daß jemand eine richtige Beschreibung seiner eigenen Gehirnvorgänge glaubt. Daher kann eine Beschreibung von Gehirnvorgängen nicht die „volle Wahrheit" ("the true state of affairs") sein, denn die muß jeder glauben können.

Mir scheint das ein recht spezieller Gebrauch des Begriffs „volle Wahrheit". Eine Gehirnbeschreibung kann auch dann ohne weiteres richtig sein, wenn derjenige, dessen Gehirn sie betrifft, sie prinzipiell nicht glauben kann: Die Wahrheit hängt nicht davon ab, daß jeder sie — wenigstens im Prinzip — akzeptieren kann; das ist nur im allgemeinen eines ihrer Kennzeichen, das in diesem Fall notwendigerweise eine Ausnahme hat: Die Voraus-

[13] Vgl. C. F. v. Weizsäcker 1971, III 4.

[14] Interessant wäre ein Vergleich unserer Analyse des Objektbegriffs mit der Kantischen Theorie des Gegenstandes, die auf die transzendentale Einheit der Apperzeption aufbaut (Kr. d. r. V. B 131/132): „Das: *ich denke* muß alle meine Vorstellungen begleiten *können*."

[15] Vgl. VIII 3c.

[16] McKay 1969, S. 50/51, und McKay 1960.

sage über ein Objekt ist nur richtig, wenn das Objekt isoliert ist oder im äußeren Feld — nicht aber wenn sein eigener Zustand die Wirkung der Umwelt auf das Objekt verändern kann (vgl. VII 1). Vor allem aber scheint mir das Dilemma[17] zwischen meiner freien Entscheidung und dem Vorherwissen der Gehirn-Beobachter falsch konstruiert. Solange ich noch nicht entschieden habe, ist mein Entschluß auch noch von vielen äußeren Einflüssen abhängig; ob ich mich z. B. am Ostermorgen des Jahres 2000 — wenn ich noch lebe — für Kaffee oder Tee entscheiden werde, läßt sich kaum aus der Beobachtung meines Gehirns voraussagen. Wenn andererseits an meinem Gehirn ablesbar ist, was ich demnächst tun werde, dann wird sich das für mich darstellen als mein Wissen, daß ich so handeln werde, als schon gefaßter Entschluß. Dazwischen kann es ein Stadium geben, in dem der Entschluß schon feststeht, ich mich aber bewußt noch nicht entschlossen finde; wir erleben doch selbst viele unserer Entscheidungen nachträglich so, daß wir es „eigentlich" schon lange so wollten. Wenn mir nun ein Beobachter voraussagt: „Du wirst so und so handeln", dann werde ich ihm, wenn mich keine Selbsttäuschung hindert, bestätigen können: „Ich habe es mir nicht bewußt gemacht, aber so hätte ich wohl gehandelt" — und gemäß dem Widerspruch bei McKay könnte ich wohl hinzufügen: „Wo ich mich jetzt durchschaut sehe, werde ich es gerade anders machen." — Warum sollte nicht auch eine solche Reaktion im Prinzip objektivierbar sein; Objekt sind dabei die beiden Gesprächspartner („in Wechselwirkung").

Das *logische* Problem der Reflexion verschwindet, wenn man die zeitliche Abfolge berücksichtigt. Die Reflexion ist ja nicht so beschaffen, daß jemand etwas denken und *zugleich* „ich denke" denken könnte. Sondern immer denke *ich*; und wenn ich „mir beim Denken über die Schultern schaue", dann kann *ich* nur entweder denken oder über die Schultern schauen, d. h. mir überlegen, was ich eben *gedacht habe*: Die Reflexion kann immer nur *nach* der Handlung sein. Die Cartesische Spaltung ist also *in diesem speziellen Sinn* unaufhebbar: Ich kann nicht *als Subjekt* zugleich mein Objekt sein. — Wir haben schon früher gesehen, daß gerade die Struktur der Zeit uns bei der Analyse der Naturwissenschaft leiten konnte. Ähnlich brauchen wir uns auch hier nur das selbstverständliche Nacheinander klarzumachen.

Kommen wir lieber noch einmal auf Wigners Freund. Er verkörpert Wigners Überlegungen zur Reflexion, die in dem „Freund" nur etwas handlicher gemacht werden: Es geht darum, daß jemand den Experimentator nach seinen Beobachtungen fragt, und das könnte auch der Experimentator selbst sein; gefragt wird jedenfalls *nach* der Beobachtung. Wir können hier an das

[17] Ein spätes Nachbeben des Dilemmas zwischen göttlicher Allwissenheit und Vorsehung, und menschlicher Sündenfähigkeit.

erinnern, was bei der Behandlung des Meßprozesses (VIII 3c) gesagt wurde: Als Objekt betrachtet ist der Freund, bin ich selbst Meßgerät, also ein Objekt, das Ergebnisse registriert. „Abgelesen" wird das Meßgerät durch Befragen; denkbar ist im Prinzip auch eine Gehirnuntersuchung. Soweit ist von Objekten, vom Gegenstand der Physik die Rede. Ich als Subjekt dagegen, der ich befrage oder untersuche, evtl. auch (nachträglich!) meine eigenen Wahrnehmungen und Handlungen, kann *in dieser Rolle* nicht *zugleich* Gegenstand meiner Untersuchung sein, sondern allenfalls wieder Gegenstand eines anderen Subjekts, oder meiner selbst später. Es scheint also in der Reflexion nicht prinzipiell anders zu sein als bei der Beobachtung eines Freundes. D.h. ich selbst bin — auch als Beobachter — entweder Objekt einer Untersuchung wie andere Objekte auch, oder ich untersuche, als Handlung in meinem Leben, und ich bin so gerade nicht Objekt meiner Untersuchung — aber vielleicht Objekt der Untersuchung eines anderen.

Soweit zur Reflexion. Sie zeigt eine Grenze der Objektivierung in der persönlichen Verwicklung des Beobachters. Innerhalb des objektivierenden Ansatzes können wir die Grenze beschreiben als die Grenze der Möglichkeit, ein Objekt zu isolieren und die Einflüsse der Umwelt als äußeres Feld zu beschreiben (vgl. VII 1).

Einen wichtigen Aspekt der Freiheit haben wir dabei noch nicht berührt, die *schöpferische* Freiheit, auf die in der Diskussion um „künstliche Intelligenz" oft hingewiesen wird: Computer sind nicht schöpferisch. Wiederum können wir hier nicht versuchen, das Schöpferische zu analysieren; nur eine Frage: Kann man *einsehen*, daß es sich einer Reduktion prinzipiell widersetzen wird? — Natürlich ist ein Computer zu „dumm" zu schöpferischen Taten; aber woraus „schöpft" ein Mensch, doch nicht aus nichts? Es gehen seine vergangenen Erfahrungen ein, seine angeborene Konstitution, die Geschichte seiner Gesellschaft, die Situation seiner Umwelt. Das *ganz Neue* ist ohne diese Bedingungen nicht denkbar, es geht aus ihnen hervor — warum sollte es nicht *prinzipiell* aus ihnen voraussagbar sein? Das „prinzipiell" ist aber hier besonders wichtig, denn das Schöpferische ist gerade darum einmalig, weil es so viele Bedingungen sind, die zugleich erfüllt sein mußten. Alle diese Bedingungen zu analysieren wäre zu kompliziert, würde mehr als ein Menschenleben erfordern, würde vielleicht erfordern, daß der Beobachter zugleich das Objekt *ist* — denn ein zweites Mal lassen sich die Bedingungen nicht herstellen. Hier würde also die Komplexität zur prinzipiellen Grenze der Reduktion.

Der frei Handelnde wird beschrieben als einer, der tut, was er soll. Wir haben dieses Ideal benutzt, um darzustellen, daß auch die Möglichkeit freier Handlung kein Einwand gegen unseren Reduktionismus zu sein braucht. In Wirklichkeit handle ich aber nie nur aus rationalem Antrieb, sondern gerade wo ich frei handeln könnte, ohne äußeren Zwang oder innere Einseitigkeit, wird mein Handeln mitbestimmt vor allem von der Angst, zu kurz zu kommen oder beiseite geschoben zu werden, oder von dem Selbstbehauptungswillen, der dieser Angst zuvorzukommen sucht; das Handeln ist also in Wirklichkeit nicht frei. Die Reflexion auf die Bedingungen, unter denen ich handle, kann mich dazu führen, diese Bedingungen so einzurichten, daß sie möglichst freies Handeln erlauben. Erfahrungsgemäß lautet eine dieser Bedingungen, nicht weniger paradox als die ideale Freiheit, daß man in (freiwilligem) Dienst stehen muß. In der Sprache der Religion: Der Dienst, die eigenen Kräfte ganz zur Verfügung zu stellen für den Willen Gottes, befreit mich von dem mächtigsten Herrn, von mir selbst. — Reduktionismus würde erfordern, daß es prinzipiell auch davon ein objektives, d. h. physikalisches Bild gibt. Nur muß er konsequent sein: das objektive Bild muß alles, was als wahr erkannt ist, auch wieder enthalten — soweit diese Wahrheit begrifflich faßbar ist.

LITERATURVERZEICHNIS

F. J. Belinfante 1973. A. Survey of Hidden Variable Theories. Oxford (Pergamon).

J. S. Bell 1964. On the Einstein Podolski Rosen Paradox. Physics 1, 195.

G. Böhme, W. v. d. Daele, W. Krohn 1977. Experimentelle Philosophie. Frankfurt a. M.(Suhrkamp).

G. Böhme (Hrsg.) 1976. Protophysik. Frankfurt a. M. (Suhrkamp).

N. Bohr 1927. The Quantum Postulate and the Recent Development of Atomic Theory. Vortrag zum 100. Todestag von A. Volta, Como. Abgedruckt in: N. Bohr 1931.

— 1931. Atomtheorie und Naturbeschreibung. Berlin (Springer). Engl. Ausg.: Atomic Theory and the Description of Nature. Cambridge UP 1934.

— 1958. Atomic Physics and Human Knowledge. New York (Wiley); dt.: Atomphysik und menschliche Erkenntnis I, Braunschweig (Vieweg).

— 1960. The Unity of Human Knowledge. Vortrag August 1960. In: Bohr 1963.

— 1963. Essays 1958/1962 on Atomic Physics and Human Knowledge. New York/London (Wiley-Interscience); dt.: Atomphysik und menschliche Erkenntnis II. Braunschweig (Vieweg) 1966.

L. Boltzmann 1898. Vorlesungen über Gastheorie. 2 Bände, Leipzig 1896/98; ^{2}1910; bes. Bd. II, S. 253; § 90 (S. 256—259).

M. Born 1964. Die Relativitätstheorie Einsteins. Berlin (Springer), 4. Aufl.

M. Born 1969. Albert Einstein, Hedwig und Max Born. Briefwechsel 1916—1955. München (Nymphenburger).

L. Castell, M. Drieschner, C. F. v. Weizsäcker (eds.) 1975. Quantum Theory and the Structures of Time and Space. München (Hanser), Bd. I; Bd. II: 1977; Bd. III: 1979.

J. F. Clauser 1976. Experimental Investigation of a Polarization Correlation Anomaly. Phys. Rev. Lett. 36, 1223.

Ch. Darwin 1859. The Origin of Species by Means of Natural Selection. Nachdruck Toronto (Crowell-Collier) 1962.

H. v. Ditfurth 1976. Der Geist fiel nicht vom Himmel. München (Piper).

M. Drieschner 1979. Voraussage — Wahrscheinlichkeit — Objekt. Über die begrifflichen Grundlagen der Quantenmechanik. Berlin etc. (Springer).

P. und T. Ehrenfest 1906. Über eine Aufgabe aus der Wahrscheinlichkeitsrechnung, die mit der kinetischen Deutung der Entropievermehrung zusammenhängt. Math.-Naturw. Blätter 3, Heft 11, 12. Abgedr. in P. Ehrenfest. Collected Scientific Papers, ed. by Martin J. Klein. Amsterdam (North-Holland)-New York (Interscience) 1959.

M. Eigen, R. Winkler 1975. Das Spiel. München/Zürich (Piper).

A. Einstein 1911. Über den Einfluß der Schwerkraft auf die Ausbreitung des Lichts. Annalen der Physik 35, 898—908. Abgedr. in: H. A. Lorentz, A. Einstein, H. Minkowski 1913.

A. Einstein 1917. Über die spezielle und allgemeine Relativitätstheorie, gemeinverständlich. Braunschweig (Vieweg).

—, B. Podolski, N. Rosen 1935. Can Quantum Mechanical Description of Physical Reality Be Considered Complete? Phys. Rev. 47, 777.

B. d'Espagnat 1979. The Quantum Theory and Reality. Scientific American 241, 128.

H. Everett 1957. "Relative State" Formulation of Quantum Mechanics. Rev. Mod. Phys. 29, 454.

J. W. Gibbs 1902. Elementary Principles in Statistical Mechanics.

A. Grünbaum 1967. The Anisotropy of Time. In: T. Gold and D. L. Schuhmacher (eds.). The Nature of Time. Cornell U. P.; dt. in: L. Krüger (Hrsg.): Erkenntnisprobleme der Naturwissenschaften. Neue Wissenschaftliche Bibliothek 38. Köln 1970. S. 476—508.

E. Haeckel. Welträtsel. Leipzig 1898.

P. R. Halmos 1958. Finite Dimensional Vector Spaces. New York ... (Springer).

S. Hampshire 1972. Freedom of Mind. Oxford (Clarendon).

W. Heisenberg 1927. Über den anschaulichen Inhalt der quantentheoretischen Kinematik und Mechanik. Zt. f. Phys. 43. 172—198. Abgedruckt in: A. Hermann 1963.

— 1930. Die physikalischen Prinzipien der Quantenmechanik. Nachdruck Mannheim (Bibliograph. Inst.) ^{2}1963.

— 1969. Der Teil und das Ganze. München (Piper).

— 1971. Schritte über Grenzen. München (Piper).

— 1976. Was ist ein Elementarteilchen? Die Naturwissenschaften (Febr. 76); Physics Today, 32—39.

A. Hermann 1963 (Hrsg.): W. Heisenberg, N. Bohr: Die Kopenhagener Deutung der Quantentheorie. Dokumente der Naturwissenschaft, Band 4. Stuttgart (Battenberg) 1963.

— 1976a. Max Planck in Selbstzeugnissen und Bilddokumenten. rororo Bildmonographien. Hamburg (Rowohlt).

— 1976b. Werner Heisenberg in Selbstzeugnissen und Bilddokumenten. rororo Bildmonographien. Hamburg (Rowohlt).

— 1977. Die Jahrhundertwissenschaft. Stuttgart (dva).

H. Hertz 1894. Die Prinzipien der Mechanik, in neuem Zusammenhang dargestellt. Leipzig.

B. Hoffmann/H. Dukas 1978. Einstein. Frankfurt a. M. (Fischer).

D. Hume 1777. An Enquiry Concerning Human Understanding. London ^{2}1777. Repr. Oxford 1902.

M. Jammer 1966. The Conceptual Development of Quantum Mechanics. New York etc. (McGraw-Hill).

— 1974. The Philosophy of Quantum Mechanics. New York etc. (Wiley).

P. Janich 1969. Die Protophysik der Zeit. Mannheim (BI—tb).

J. M. Jauch 1968. Foundations of Quantum Mechanics. Reading, MA (Addison-Wesley)

E. T. Jaynes 1959. Probability Theory in Science and Engineering. (Socony Mobil Oil Co.) Dallas, Tex.

— 1973. The Well-Posed Problem. Found. of Phys. 3, 477—492.

I. Kant 1781. Kritik der reinen Vernunft. Riga 1781 (A), 1787 (B).

— 1783 (A). Prolegomena zu einer jeden künftigen Metaphysik, die als Wissenschaft wird auftreten können. Riga.

— 1786. Metaphysische Anfangsgründe der Naturwissenschaft. Riga.

T. S. Kuhn 1967. Die Struktur wissenschaftlicher Revolutionen. Frankfurt a. M. (Suhrkamp).

P. S. de Laplace 1812. Théorie analytique des probabilités. Paris.

— 1814. Essais Philosophiques sur les Probabilités. Paris [5]1825, Paris (Gauthier-Villars) 1921.

F. London, E. Bauer 1939. La Théorie de l'Observation en Méchanique Quantique, Paris (Hermann).

H. A. Lorentz, A. Einstein, H. Minkowski 1913. Das Relativitätsprinzip. Leipzig (Teubner), [5]1923; Darmstadt (Wiss. Buchges.) [6]1958.

K. Lorenz 1973. Die Rückseite des Spiegels. München (Piper).

P. Lorenzen 1962. Metamathematik. Mannheim (Bibl. Inst.).

— 1965. Differential und Integral. Frankfurt a. M. (Akademische Verl. ges.).

G. Ludwig 1974. Einführung in die Grundlagen der Theoretischen Physik. Düsseldorf (Bertelsmann), Bd. 1,2.

— 1976. Einführung in die Grundlagen der Theoretischen Physik. Bd. 3 Braunschweig (Vieweg).

E. Mach 1883. Die Mechanik in ihrer Entwicklung. 9. Aufl. Leipzig 1933. Nachdruck Darmstadt (Wiss. Buchges.) 1963.

D. M. McKay 1960. On the logical indeterminacy of a free choice. Mind 69, 31—40.

— 1969. Der Mensch als Mechanismus. In: D. M. McKay (Hrsg.) Christentum in einem mechanistischen Universum. Wuppertal (R. Brockhaus).

K.-M. Meyer-Abich 1965. Korrespondenz, Individualität, Komplementarität. Wiesbaden (Steiner).

— 1973. Platons Naturwissenschaft. In: E. Scheibe, G. Süßmann (Hrsg.). Einheit und Vielheit. Göttingen (Vandenhoeck & Ruprecht).

H. Minkowski 1908. Raum und Zeit. In: Lorentz, Einstein, Minkowski 1913.

Ch. W. Misner, Kip S. Thorne, J. A. Wheeler 1973. Graviation. San Francisco (Freeman).

P. Mittelstaedt 1963. Philosophische Probleme der modernen Physik. Mannheim (BI-Htb.) [4]1972. Engl. Ausgabe: Boston Studies in the Philosophy of Science (ed. R. S. Cohen) Bd. 18. Dordrecht (Reidel) 1976.

— 1976. Der Zeitbegriff in der Physik. Mannheim (BI).

R. Moore 1970. Niels Bohr. München (List).

J. v. Neumann 1932. Mathematische Grundlagen der Quantenmechanik. Berlin (Springer).

Particle Data Group 1976. Review of Particle Properties. Reviews of Modern Physics 48, No. 2, Part II.

G. Picht 1969. Wahrheit, Vernunft, Verantwortung. Stuttgart (Klett).

P. Plaass 1965. Kants Theorie der Naturwissenschaft. Göttingen (Vandenhoeck & Ruprecht).

M. Planck 1900a. Über eine Verbesserung der Wienschen Spektralgleichung. Verh. d. Dt. Phys. Ges. 2, 202—204. Abgedr. in: Phys. Vorträge und Abhandlungen Bd. 1, S. 687. Braunschweig (Vieweg) 1958.

— 1900b. Verh. d. Dt. Phys. Ges. 2, 237—245. Phys. Abh.&Vortr. Bd. 1, S. 700—701.

K. Popper 1935. Logik der Forschung. Wien (Springer). The Logic of Scientific Discovery. London 1959. (Basic Books).

— 1957. The propensity interpretation of the calculus of probability and the quantum theory. In: Observation and Interpretation, ed. S. Körner. London.

R. Riedl 1976. Die Strategie der Genesis. München (Piper).

— 1980. Die Biologie der Erkenntnis. Die stammesgeschichtlichen Grundlagen der Vernunft. Berlin (Parey).

J. Ritter (Hrsg.) 1972ff. Historisches Wörterbuch der Philosophie. Basel-Stuttgart (Schwabe).

P. A. Schilpp (ed.) 1949. Albert Einstein, Philosopher Scientist. New York; dt.: Stuttgart (Kohlhammer) 1955.

E. Schrödinger 1935. Die gegenwärtige Situation in der Quantenmechanik. Die Naturwissenschaften 23, 807, 823, 844.

R. Sexl/H. Urbantke 1975. Gravitation und Kosmologie. Mannheim (BI).

A. V. Shubnikov/V. A. Koptsik 1974. Symmetry in Science and Art. New York/London (Plenum).

O. Stern & W. Gerlach 1922. Der experimentelle Nachweis des magnetischen Moments des Silberatoms. Zeitsch. f. Physik 8, 110—111. Der experimentelle Nachweis der Richtungsquantelung im Magnetfeld. Ztsch. f. Physik 9 (1922) 349—355.

W. Stegmüller 1969. Probleme und Resultate der Wissenschaftstheorie und analytischen Philosophie, I. Wissenschaftliche Erklärung und Begründung. Berlin (Springer).

— 1970. Probleme und Resultate der Wissenschaftstheorie und analytischen Philosophie, II. Theorie und Erfahrung.

— 1971. Humes Herausforderung und moderne Antworten. In: Das Problem der Induktion. Darmstadt (Wissenschaftl. Buchges.).

— 1973. Probleme und Resultate der Wissenschaftstheorie und analytischen Philosophie, IV. Personelle und statistische Wahrscheinlichkeit.

E. Ströker 1973. Einführung in die Wissenschaftstheorie. Darmstadt (Wiss. Buchges.).

E. Tugendhat 1976. Vorlesungen zur Einführung in die sprachanalytische Philosophie. Frankfurt a. M. (suhrkamp taschenbuch wissenschaft).

S. Watanabe 1969. Knowing and Guessing. New York (Wiley).

S. Weinberg 1977. Die ersten 3 Minuten. München (Piper).

C. F. v. Weizsäcker 1939. Der zweite Hauptsatz und der Unterschied von Vergangenheit und Zukunft. Annalen der Physik 36, 275. Abgedruckt in C. F. v. Weizsäcker 1971, 172—182.

— 1948. Die Geschichte der Natur. Göttingen (Vandenhoeck & Ruprecht).

— 1958. Quantentheorie und einfache Alternative. Zschr. f. Naturforschg. 13a, 245, 705.

C. F. v. Weizsäcker 1964. Die Tragweite der Wissenschaft. Stuttgart (Hirzel).

— 1971. Die Einheit der Natur. Studien. München (Hanser).

— 1972. Evolution und Entropiewachstum; Information und Evolution. Nova Acta Leopoldina 37/1, 515—534. Abgedruckt in E. v. Weizsäcker. Offene Systeme I. Stuttgart (Klett) 1974.

— 1973a. Comment on Dirac's Paper. In: J. Mehra (ed.), The Physicist's Conception of Nature, S. 55—59. Dordrecht (Reidel).

— 1973b. Probability and Quantum Mechanics. Brit. J. Phil. Sci. 24, 321—337.

— 1974. Geometrie und Physik. In: Enz/Mehra (Hrsg.), Physical Reality and Mathematical Description. Dordrecht (Reidel).

— 1977. Der Garten des Menschlichen. München (Hanser).

— 1979. The Preconditions of experience and the Unity of Physics. In: B. Bieri, R. P. Horstmann, L. Krüger (eds.) 1979. Transcendental Arguments and Science. Dordrecht (Reidel).

H. Weyl 1952. Symmetry. Princeton, N. J. (U.P.); dt. Übers. Basel (Birkhäuser) 1955.

E. Wigner 1961. Remarks on the Mind-Body Question. In: I. J. Good (ed.). The Scientist Speculates, London (Heinemann). New York (Basic Books) 1962, 302; deutsch: Phantasie in der Wissenschaft. Düsseldorf-Wien (Econ) 1965. Abgedruckt in: E. P. Wigner. Symmetries and Reflections. Bloomington and London (Indiana UP) 1967, 171—184.

REGISTER